聚·焦·能·源·电·力·领·域

"碳达峰、碳中和"百问百答

宋海良 | 主编

中国电力出版社
CHINA ELECTRIC POWER PRESS

图书在版编目（CIP）数据

"碳达峰、碳中和"百问百答／宋海良主编. —北京：中国电力出版社，2021.10 （2022.6重印）

ISBN 978-7-5198-5775-2

Ⅰ.①碳… Ⅱ.①宋… Ⅲ.①二氧化碳－排污交易－中国－问题解答 Ⅳ.①X511-44

中国版本图书馆CIP数据核字（2021）第122818号

出版发行：中国电力出版社
地　　址：北京市东城区北京站西街19号（邮政编码100005）
网　　址：http://www.cepp.sgcc.com.cn
责任编辑：石　雪（010-63412557）
责任校对：黄　蓓　常燕昆
书籍设计：锋尚设计
责任印制：钱兴根

印　　刷：北京九天鸿程印刷有限责任公司
版　　次：2021年10月第一版
印　　次：2022年6月北京第二次印刷
开　　本：710毫米×1000毫米　16开本
印　　张：13.75
字　　数：173千字
定　　价：69.00元

编 委 会

序

2020年9月22日，习近平总书记在第七十五届联合国大会一般性辩论上提出："中国将提高国家自主贡献力度，采取更加有力的政策和措施，二氧化碳排放力争于2030年前达到峰值，努力争取2060年前实现碳中和。"

在总书记提出"双碳"目标一周年之际，我们深刻地认识到，实现"碳达峰、碳中和"是一项宏大的系统工程，更是一项长期复杂艰巨的任务。实现"双碳"目标，决不是单一独立的能源、气候或环境问题，而是一场广泛而深刻的经济社会系统性变革。"碳达峰、碳中和"战略决策事关中华民族永续发展和构建人类命运共同体，为推动全球气候环境治理、实现人类社会永续发展擘画了宏伟蓝图、指明了道路方向，彰显了我国坚持生态优先、绿色发展的战略定力，展现了我国应对全球气候变化、推动构建人类命运共同体的世界胸怀与大国担当。推动实现"双碳"目标，是全面贯彻落实新发展理念的内在要求，是实现我国能源安全的必然选择，将全面引领经济社会，尤其是能源电力领域绿色低碳转型，极大推动低碳经济、绿色产业发展，推动新一轮产业与工业技术革命。

能源领域二氧化碳排放占全社会二氧化碳排放的90%左右，其中电力行业二氧化碳排放又占能源领域二氧化碳排放一半左右。能源电力领域是践行"双碳"目标的关键领域和主战场。中国能源建设集团（简称中国能建）是为能源电力、基础设施等行业提供整体解决方案、全产业链服务的综合性特大型集团，是能源电力工程领域的国家队和排头兵，理应充当践行"双碳"目标和提供一体化解决方案的引领者、排头兵和重要参与者，积极服务国家战略，彰显央企担当，履行社会责任。

"十四五"时期是中国能建的重要战略机遇期、加快发展的窗口期、业务转型与深化改革的攻坚期，以及培育行业竞争力、提升行业影响力、塑造行业引领力的关键期。当前和今后一个时期，中国能建将立足新发展阶段、贯彻新发展理念、构建新发展格局，大力实施"一个愿景、四个前列、六个一流、六个重大突破"的"1466"发展战略：始终秉持"行业领先、世界一流"的战略愿景，始终在践行国家战略上走在前列、在推动能源革命上走在前列、在加快高质量发展上走在前列、在建设美好生活上走在前列，坚持打造一流的能源一体化方案解决商、一流的工程总承包商、一流的基础设施投资商、一流的生态环境综合治理商、一流的城市综合开发运营商、一流的建材工业产品和装备提供商，致力于建设具有全球竞争力的世界一流企业，着力推动能源革命和能源转型发展、加快高质量发展、深化系统改革、全面加强科学管理、全面提升企业核心竞争力与组织能力、加强党的全面领导和党的建设六个重大突破。

近年来，中国能建积极树立清洁低碳发展理念，推动源网荷储一体化和多能互补项目建设，开拓智能电网、智慧能源、智能城市、三网融合等领域，聚焦绿色低碳开展装备振兴和数字化转型等工作。面对新阶段、新形势、新任务，中国能建将立足"1466"发展战略，履行社会责任，贡献能建之智、能建之力，系统构建实现"双碳"目标的"125"原则——坚持以国家碳达峰、碳中和"一个目标"为引领，以构建清洁低碳安全高效的能源体系和以新能源为主体的新型电力系统为"两大关键"，提出能源供给低碳化、能源消费电气化、新型能源技术产业化、低碳发展机制化、碳中和责任协同化"五化路径"。

中国能建下属电力规划设计总院，建院70年来，长期服务国家政府部门，具备深厚的研究能力和积累。"双碳"目标提出以来，协助国家相关部委，开展了一系列"双碳"目标下能源电力领域政策研究工作，有力支撑了能源电力行业"双碳"政策制定工作。此次，在总结近期研究成果的基础上，中国能建组织电力规划设计总院推出《"碳达峰、碳中和"百问百答》一书，尝试在国际视野下，结合中国实际，通过问答的方式，对"碳达峰、碳中和"的基础概念、发展路径、政策制定、技术路线、市场建设进行了思考和阐释。希望此书为能源电力行业政府部门、相关企业和研究机构提供有价值的参考。

中国能源建设集团有限公司党委书记、董事长

2021年9月

前　言

自2020年9月我国提出"碳达峰、碳中和"目标后，社会各界积极响应，结合自身实际主动思考探索实现这一目标的方法和路径。能源电力领域排放体量大、涉及面广，是"双碳"行动的核心阵地，相关政府部门、企业、研究机构对该领域如何尽快实现碳达峰、科学规划碳中和十分关注。

中国能源建设集团多年来致力于为能源、电力、基础设施等领域提供整体解决方案，对这些领域的发展需求、转型目标等积累了丰富经验和深刻思路。如何实现"碳达峰、碳中和"目标是一个多维度、多层面的综合性问题，需要从路径、政策、技术、市场等不同角度全面思考。在与各相关主体的交流碰撞中，我们也意识到，业界对"碳达峰、碳中和"目标还存有疑惑，不少问题亟需得到解答。因此，经过反复研讨，我们筛选出100个广受各界关注的关键问题，逐一开展微研究，广泛查阅相关书籍、论文、研究报告、舆论观点等资料，并结合我们的工作研究经验，尝试作答。

本书的编写包含科普和研究两重目的，既有对基础概念的解释说明，也有对关键问题的深入剖析。在基础篇中，我们回答了"碳达峰、碳中和"目标的具体含义、我国提出这一目标的背景、对全球应对气候变化的影响等问题；在路径篇中，我们梳理了国际经验，对能源等主要碳排放领域的主要减排途径和手段进行了整理说明；在政策篇中，我们整理了碳减排主要的政策方向，并对能源电力领域规划方式、监管方式的适应性调整进行了研究；在技术篇中，我们分析了各领域的主要减排技术及其发展前景，对主要碳汇技术及其吸收潜力也进行了综述；在市场篇中，我们整理了国际碳市场和我国碳市场的发展现状，对指引未来市场建设的关键政策进行了分析，还对绿电交易、碳金融、碳足迹等相关概念进行了研究。为了增强可读性，本书按照认知规律由浅及深地排布相关内容。此外，书中也尽可能使用形象生动的表达形式，用图、表对文字加以支撑补充。

"碳达峰、碳中和"目标具有较强的前瞻性和系统性，具体实现路径将受到技术发展、政策设计、市场建设等方面不确定性影响。加之编者认知水平有限，本书不可避免地具有一定的局限性，如有不当和疏漏之处，敬请读者批评并提出宝贵意见。相信随着工作的逐步推进，我们对于"碳达峰、碳中和"目标的许多疑问都将得到更具体、更确定的解答。

编者

2021年9月

目录

二、实现路径篇

三、政策机制篇

四、技术支撑篇

五、市场交易篇

一、背景基础篇

（一）国际背景

1 "碳达峰、碳中和"目标的含义是什么？

"碳达峰"指的是国家、企业、个人等的二氧化碳或温室气体排放量在某个时间点达到历史峰值，并在经历了一段时间的平台期后出现明显降低。在第75届联合国大会一般性辩论上，我国碳达峰目标具体表述为**"二氧化碳排放力争于2030年前达到峰值"**。

"碳中和"指的是国家、企业、个人等的二氧化碳或温室气体排放量在一定时间内可以通过碳汇的吸收量进行完全抵消，达到净排放接近或等于零。在第75届联合国大会一般性辩论上，我国碳中和目标具体表述为**"努力争取2060年前实现碳中和"**。

根据中国气候变化事务特使解振华在全球财务管理论坛2021北京峰会上的发言，碳达峰目标主要指的是能源活动产生的二氧化碳排放量达峰，碳中和目标包括全经济领域温室气体排放量，不止包括二氧化碳，还包括甲烷、氢氟碳化物等非二氧化碳温室气体。

世界各国关于碳中和或类似目标的表述并不完全相同，比较常见的有气候中和、碳中和、净零碳排放、净零排放四类。联合国政府间气候变化专门委员会（Intergovernmental Panel on Climate Change，IPCC）发布的《IPCC全球升温1.5℃特别报告》对以上四种表述的常见内涵进行了说明，如果目标宣示时缺乏详细解释可参照以下说明分析其覆盖范围。

表述方式	具体含义（原文）	具体含义（译文）
气候中和	Concept of a state in which human activities result in no net effect on the climate system. Achieving such a state would require balancing of residual emissions with emission (carbon dioxide) removal as well as accounting for regional or local biogeophysical effects of human activities that, for example, affect surface albedo or local climate.	人类活动对气候系统没有净影响的状态，需要在人类活动引起的温室气体（主要是二氧化碳）排放量、吸收量以及人类活动导致的生物地球效应间达到平衡
碳中和	Net zero carbon dioxide (CO_2) emissions are achieved when anthropogenic CO_2 emissions are balanced globally by anthropogenic CO_2 removals over a specified period.	全球范围内，人类活动产生的二氧化碳排放量与吸收量在一定时期内达到平衡
净零碳排放	Net zero CO_2 emissions are also referred to as carbon neutrality.	与"碳中和"概念一致
净零排放	Net zero emissions are achieved when anthropogenic emissions of greenhouse gases to the atmosphere are balanced by anthropogenic removals over a specified period.	全球范围内，人类活动产生的全温室气体（主要包括二氧化碳、甲烷、氧化亚氮，含氟气体等）排放量与吸收量在一定时期内达到平衡

2 温室气体排放是导致全球变暖的主要原因吗？

全球气温变化是一个复杂的过程，研究界主要采用机理分析和观测建模结合的方式开展研究。对于温室气体排放和全球平均气温升高之间的关系，人们的认识经历了从定性到定量的逐步转变。

从基本机理来看，大气中温室气体的存在是温室效应的起因，温室气体浓度升高将加剧全球变暖。

太阳发射的短波辐射大部分能够直接透过大气层到达地表。然而，地表由于温度相对较低，发射的主要是长波辐射，这部分电磁波易被大气中的温室气体吸收和反射，从而使得地表及接近地表的低层大气温度升高。大气中温室气体浓度增加时，地表温度也会随之升高。

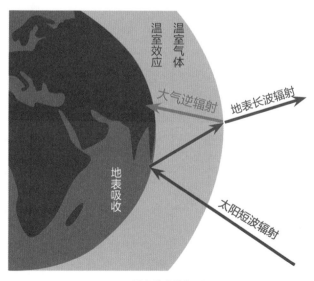

温室效应的机理

基于大量的自然观测结果，许多研究团队建立了长期气候变化模型，用于量化分析温室气体排放与温升幅度间的关系。

在多年观测结果的基础上，相关模型团队对长期气候变化模型进行了持续的验证、修改和完善。综合大量模型研究成果，2013年IPCC发布的第五次评估报告第一工作组报告指出，"排放的二氧化碳中有大约15%到40%将在大气中保持1000年以上"。也就是说，在多世纪至千年的时间尺度上，温升幅度与这段时间内累积的二氧化碳排放量是相关的。进一步开展量化分析对比后，目前研究界已基本认可：21世纪末及以后的全球平均温升幅度与累积温室气体排放呈现出近似线性相关关系。

3 全球气候变暖可能给人类带来哪些危害和风险？人类活动的改善能否减缓气候变化？

全球气候变暖将重构全球温度场，影响大气运行规律，改变蒸发量和降水量的时空分布，进而给人类带来一系列危害和风险。

在自然灾害方面 》 可能导致冰川融化、海平面上升、热浪侵袭、暴风雨、干旱洪灾等自然灾害频发。

在生态环境方面 》 可能引发生物多样化丧失、生态系统大范围破坏。

在对人类的影响方面 》 可能对水资源、能源、土地、森林、海洋、物种资源、生态系统和农业生产等带来巨大冲击，继而导致疾病多发和争夺资源的冲突战争。

此外，还有研究人员提出，气候变暖还可能带来许多目前仍估计不到的重大影响。

自然原因和人为原因都可能引起全球气候变暖，经过几十年的观测和研究，研究界逐步达成了基本共识，认可"近百年的气候变暖主要是由人类活动引起的"。因此，人类活动向"碳中和"方向调整是减缓气候变化的关键。

IPCC评估报告对"人类行为导致气候变暖"的描述

IPCC从1990年开始发布综合评估报告，至今一共发布了五次报告，对气候变化领域的重要研究进行综述和分析。五次报告中对人类行为导致气候变暖的置信度描述逐渐增加。其中，第二次报告的论述为"人为活动可能是影响气候变化的最重要因素"，第五次报告的论述为"人为活动带来的温室气体浓度增加导致气候变暖的可能性达到95%以上"。

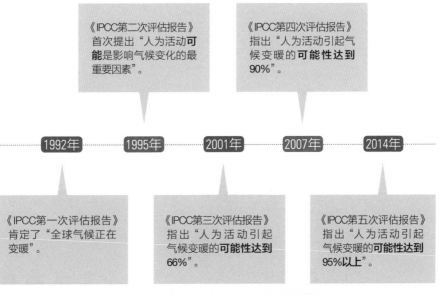

IPCC五次评估报告对气候变暖及其成因的描述

图瓦卢沉没

图瓦卢（Tuvalu），旧称埃利斯群岛，位于中太平洋南部，由9个环形珊瑚岛群组成，海岸线长15英里，无河流。陆地面积26平方公里，海洋专属经济区面积约75万平方公里，是仅次于瑙鲁的世界第二小岛国，也是世界面积第四小的国家。由于温室效应的不断积累，全球气候逐渐变暖，最终导致冰雪融化海平面上升，使一些海拔较低的岛国面临沉入海底的危险，图瓦卢最高点海拔不到5米，因此在很久之前就有人预测世界上最可能沉入海底的国家就是图瓦卢。1977—2015年，图瓦卢的海平面共上升了13厘米，年平均海平面上升速度约3.9毫米，是全球平均水平的2倍。2019年5月，联合国秘书长安东尼奥·古特雷斯在访问图瓦卢时指出，"图瓦卢处于全球气候紧急情况的极端前线"，"海平面上升有可能淹没这个岛国"，"图瓦卢面临海平面上升带来的生存威胁"。

4 近年来全球年度温室气体排放量是多少？主要来源是什么？能源电力领域的排放量占比多大？

联合国环境规划署（United Nations Environmental Programme，UNEP）报告指出，2018年全球温室气体排放量（包括土地利用变化产生的温室气体排放量）达到了553亿吨二氧化碳当量，再创历史新高。化石能源使用和工业过程产生的二氧化碳排放，是温室气体的主要来源，2018年这部分排放量增长2.0%，达到375亿吨二氧化碳当量，为历史新高。

根据国际能源署（International Energy Agent, IEA）统计数据，2018年全球与能源相关的二氧化碳排放量❶为335亿吨。由于可再生能源的大力发展，发电领域二氧化碳排放量快速下降，2019年全球能源相关碳排放量为334亿吨，停止了2018年以前的排放量增长势头。2020年全球能源相关碳排放量为315亿吨，较2019年下降了5.8%。

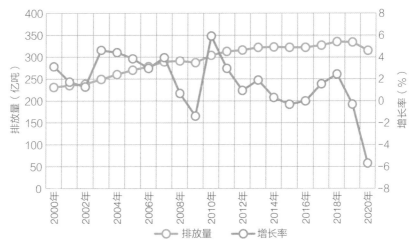

2000—2020年全球能源相关碳排放量

数据来源：IEA

❶ 如无特殊说明，本书中的能源相关碳排放量及碳排放量均指能源相关的二氧化碳排放量。

全球能源相关碳排放量主要来源于电力领域、交通领域和工业领域，这三个领域碳排放量占全球碳排放量比例超过84%。

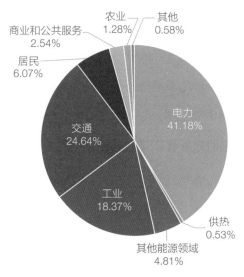

2018年全球各领域能源相关碳排放量占比情况

数据来源：IEA

2018年，全球电力领域碳排放量为139亿吨；由于可再生能源的加快发展，2019年为136亿吨，下降了1.3%；受新冠肺炎疫情影响，2020年进一步下降了3.3%，为131亿吨。但电力领域仍然是全球能源相关碳排放量的主要来源，近年来占比始终维持在40%以上。

延展阅读

温室气体排放量的常用概念

由于不同行业、不同地区的统计口径存在差异，温室气体排放量概念在外延上存在多种表述，在概念实际使用时需要加以区分。对非二氧化碳气体计量时，常用单位为二氧化碳当量，即计量时将非二氧化碳气体实际排放量按照其全球变暖潜能值（衡量温室气体产生的温室效应强度的指数）折算为能够产生相同温室效应的二氧化碳排放量。

温室气体排放量的常用概念

排放量表述	气体种类	排放源	计量单位
温室气体排放量	二氧化碳（CO_2）、甲烷（CH_4）、氧化亚氮（N_2O）、氢氟碳化物（HFCs）、全氟化碳（PFCs）、六氟化硫（SF_6）和三氟化氮（NF_3）等	人类活动排放及自然界排放	吨二氧化碳当量
人类活动产生的温室气体排放量	二氧化碳（CO_2）、甲烷（CH_4）、氧化亚氮（N_2O）、氢氟碳化物（HFCs）、全氟化碳（PFCs）、六氟化硫（SF_6）和三氟化氮（NF_3）等	人类活动排放	吨二氧化碳当量
二氧化碳排放量	二氧化碳（CO_2）	人类活动排放及自然界排放	吨（二氧化碳）
人类活动产生的二氧化碳排放量	二氧化碳（CO_2）	人类活动排放	吨（二氧化碳）
能源相关及工业过程产生的二氧化碳排放量	二氧化碳（CO_2）	人类活动中能源生产消费相关及工业生产过程相关的排放	吨（二氧化碳）
能源相关的二氧化碳排放量	二氧化碳（CO_2）	人类活动中能源生产消费相关的排放	吨（二氧化碳）
工业过程产生的二氧化碳排放量	二氧化碳（CO_2）	人类活动中工业生产过程相关的排放	吨（二氧化碳）

5 在全球应对气候变化的文件体系中有哪些主要的国际文件？

全球在气候变化领域重要的协定或国际文件主要有《联合国气候变化框架公约》《京都议定书》《巴厘路线图》《哥本哈根协议》《坎昆协议》《巴黎协定》等。上述文件出台的先后时间和地点如下表所示。

全球应对气候变化的主要国际文件

文件名称	通过时间	通过或签订地点	背景	意义
《联合国气候变化框架公约》	1992 年	巴西	20 世纪末，二氧化碳排放引起的气候变化受到国际社会普遍关注。气候变化框架公约政府间谈判委员会进行了多次谈判，最终于 1992 年 5 月 9 日通过了《联合国气候变化框架公约》，构建了国际社会应对全球气候变化开展国际合作的基本框架，明确了减少温室气体排放，减少人为活动对气候系统的影响等系列目标。1994 年 3 月 21 日，该公约生效	首个全面控制温室气体排放以应对气候变化对人类社会带来不利影响的国际公约，是气候变化的第一个里程碑文件，确定"共同但有区别的责任"原则
《京都议定书》	1997 年	日本	1997 年 12 月，为进一步推动发达国家落实《联合国气候变化框架公约》减排承诺，1997 年公约参与国第三次会议制定了《京都议定书》，以 2008—2012 年为第一承诺期，确立了"自上而下"的全球减排机制。在严格的遵约机制和统一的核算标准下，缔约方难以达成行动共识，美国、加拿大先后退出，日本、俄罗斯、澳大利亚等国也拒绝加入第二承诺期，《京都议定书》难以继续执行	人类历史上首次以法规的形式限制温室气体排放

续表

文件名称	通过时间	通过或签订地点	背景	意义
《巴厘路线图》	2007 年	印度尼西亚	2007 年 12 月，在印度尼西亚巴厘岛举行的联合国气候变化大会通过《巴厘路线图》	为应对气候变化谈判的关键议题确立了明确议程
《哥本哈根协议》	2009 年	丹麦	2009 年 12 月，在丹麦哥本哈根举行的联合国气候变化大会发表了《哥本哈根协议》。由于参会各方存在巨大分歧（以发达国家与发展中国家利益冲突为代表），哥本哈根会议并没有形成具有法律约束力的文件，《哥本哈根协议》只是一个反映各方共识的政治性文件	
《坎昆协议》	2010 年	墨西哥	2010 年 12 月，在墨西哥坎昆举行的坎昆世界气候大会上通过《坎昆协议》	在气候资金、技术转让、森林保护等问题上都取得了一定成果
《巴黎协定》	2015 年	法国	《京都议定书》推行受阻，国际社会亟需一个新的国际法律文件，以应对日益加重的气候变化问题。2015 年 12 月，经过多轮艰难磋商，在"共同但有区别的责任"的原则下，通过了《巴黎协定》，提出全球参与减排的"自主贡献"新机制，建立了"自下而上"的减排模式，缔约方根据自身国情明确国家自主贡献	继 1992 年《联合国气候变化框架公约》、1997 年《京都议定书》之后，人类历史上应对气候变化的第三个里程碑式的国际法律文本

6 着眼于2020年后全球气候治理格局的国际公约是哪一个？它提出了哪些主要条款？最重要的贡献有哪些？

着眼于2020年后全球气候治理格局的国际公约是《巴黎协定》。该协定对2020年后的全球气候治理格局做了系统性阐述。文件共29条，包括总体目标、国家自主贡献、市场及相关机制、资金、能力建设、全球盘点等内容。《巴黎协定》尊重各国主权，充分体现了联合国框架下各方的诉求，遵循非侵入、非惩罚性的原则，获得了各缔约方的一致认可。

进一步明确了"共同但有区别责任"的原则

《巴黎协定》明确，气候变化是人类共同关注的问题，缔约方应对气候变化所采取的行动应当尊重、促进和考虑各自发展权、人权、健康权等相关权利。

确立了"自下而上"与"自上而下"相结合的全球应对气候变化合作新模式

一方面，各国减排目标由各缔约方根据自身国情和能力自主决定国家自主贡献；另一方面，自2023年起每五年开展一次全球盘点，总结评估实现长期目标的集体进展情况。同时，各缔约方应以全球盘点评估结果为参考，进一步更新和加强自主贡献力度。

明确了全球应对气候变化行动2℃和1.5℃的长期目标

在21世纪末把全球平均气温升幅控制在工业化前水平以上低于2℃之内，并努力将气温升幅限制在工业化前水平以上1.5℃之内的长期目标。

提出了对不同发展程度国家有区分的减排要求

发达国家缔约方要带头实现绝对量的减排、限排目标，并向发展中国家缔约方提供资金支持，促进发展中国家加大行动力度。发展中国家根据自身国情提高减排目标，并逐步实现绝对量的减排、限排目标。最不发达国家和小岛屿发展中国家则依据自身特殊情况，编制和通报温室气体低排放发展的战略与行动计划。

7 全球有哪些国家（地区）已经实现碳达峰目标？其能源相关碳排放量在全球总量中占比多少？

世界资源研究所（World Resource Institute，WRI）指出，如果一个国家（地区）的碳排放量达到历史最高水平后至少五年没有出现更高的排放水平，且已承诺未来继续将其排放量降低到峰值排放水平以下，则可以认为该国家（地区）已经实现碳达峰目标。

WRI 2017年11月发布的报告显示，截至2010年年底，全球已经有49个国家（地区）的温室气体排放量达到峰值。

多数发达国家已实现碳达峰，他们主要通过经济手段、能源结构优化和大规模的技术升级来实现温室气体排放的达峰

前苏联的加盟共和国和东欧计划经济国家

他们在1990年前后由于经济衰退或经济转型实现了碳达峰

各阶段实现碳达峰的国家（地区）及其二氧化碳排放量

达峰阶段	国家（地区）及达峰年份	国家（地区）数量（个）	2019年能源相关碳排放量（亿吨）	在全球总量中的占比（%）
1990年前	阿塞拜疆、白俄罗斯、保加利亚、克罗地亚、捷克、爱沙尼亚、格鲁吉亚、德国、匈牙利、哈萨克斯坦、拉脱维亚、摩尔多瓦、挪威、罗马尼亚、俄罗斯、塞尔维亚、斯洛伐克、塔吉克斯坦、乌克兰	19	31.57	9.24
1990—2000年	法国（1991年）、立陶宛（1991年）、卢森堡（1991年）、黑山共和国（1991年）、英国（1991年）、波兰（1992年）、瑞典（1993年）、芬兰（1994年）、比利时（1996年）、丹麦（1996年）、荷兰（1996年）、哥斯达黎加（1999年）、摩纳哥（2000年）、瑞士（2000年）	14	14.98	4.38
2000—2010年	爱尔兰（2001年）、密克罗尼西亚（2001年）、奥地利（2003年）、巴西（2004年）、葡萄牙（2005年）、澳大利亚（2006年）、加拿大（2007年）、希腊（2007年）、意大利（2007年）、西班牙（2007年）、美国（2007年）、圣马力诺（2007年）、塞浦路斯（2008年）、冰岛（2008年）、列支敦士登（2008年）、斯洛文尼亚（2008年）	16	72.40	21.19
合计		49	118.95	34.81

注 各国家（地区）均采用其现用名称。
数据来源：IEA

同时报告还指出，日本、韩国、马耳他、新西兰四个国家（地区）预计在2010—2020年间实现碳达峰。2019年，这四个国家（地区）的能源相关碳排放量为18.02亿吨，在全球总量中占比5.27%。

8 全球有哪些国家（地区）已经提出碳中和目标？其能源相关碳排放量在全球总量中占比多少？

截至2021年3月，全球一共约有30个国家（地区）提出了碳中和目标，另有2个国家（地区）已经基本实现碳中和。

国际上主要通过政策宣示和立法两种方式提出碳中和目标。已经提出碳中和目标的国家（地区）中，大部分采用的是政策宣示的形式，另有少部分国家（地区）选择将碳中和目标写入法律。

各国（地区）碳中和目标制定情况（截至2021年3月）

目标情况	国家（地区）	2019年能源相关碳排放量（亿吨）	在全球总量中的占比（%）
已经实现碳中和目标	苏里南、不丹	0.03	< 0.01
已立法确认碳中和目标	瑞典、英国、法国、丹麦、新西兰、匈牙利	8.48	2.48
碳中和目标在立法过程中	欧盟、加拿大、韩国、西班牙、智利、斐济	46.20	13.52
通过政策宣示确立碳中和目标	中国、芬兰、奥地利、冰岛、美国、日本、南非、德国、瑞士、挪威、爱尔兰、葡萄牙、巴拿马、哥斯达黎加、斯洛文尼亚、安道尔、马绍尔群岛、哈萨克斯坦	176.17	51.54

注 总量统计时，欧盟作为整体进行计算，独立提出碳中和目标的欧盟国家不再重复计算。

数据来源：Energy and Climate Intelligence Unit（ECIU），BP世界能源统计年鉴，IEA

2019年，以上国家（地区）的能源相关二氧化碳排放约为217.7亿吨，在全球能源相关二氧化碳排放总量中的占比达到63.7%。

 小贴士

据ECIU统计，截至2020年年底，全球共有25个城市通过政策文件宣示提出城市碳中和目标，目标年份均在2025—2050年。

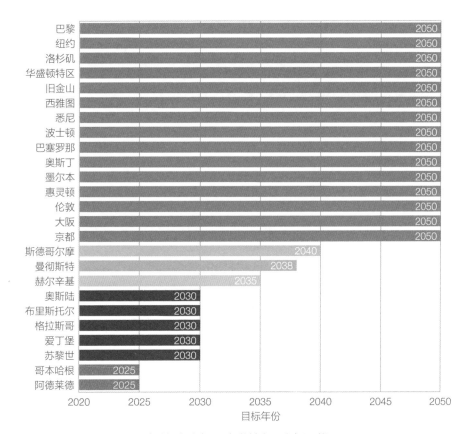

全球提出碳中和目标的城市及碳中和时间

数据来源：ECIU

9 为什么各国的"碳达峰、碳中和"目标不一致?

1992年,《联合国气候变化框架公约》明确提出"共同但有区别的责任"原则,意味着各国在应对气候变化时应承担差异化的碳减排责任。按照"共同但有区别的责任"原则,发达国家应当承担率先减排和向发展中国家提供资金技术支持的义务;发展中国家在发达国家资金技术支持下,采取措施减缓或适应气候变化,不承担有法律约束力的限控义务。

各国"碳达峰、碳中和"目标不一致,主要有以下四点原因:

>> **各国所处经济发展阶段不同,碳排放变化趋势不同。**

西方发达国家大多在20世纪已完成工业化进程,碳排放水平已经达峰。与西方发达国家不同,发展中国家多数仍处于推进城镇化、工业化的阶段,其产业结构、能源结构、技术水平等与发达国家相比有很大差距,经济发展与碳排放关联性较强,碳排放仍处于上升期。1971—2018年,经济合作与发展组织(Organization for Economic Co-operation and Development, OECD)国家的能源相关碳排放量趋于稳定,年度排放量由1971年93亿吨增长到2018年116亿吨,年均增长率0.5%;非OECD国家的能源相关碳排放量逐年增长,年度排放量由1971年46亿吨增长到2018年219亿吨,年均增长率3.4%。

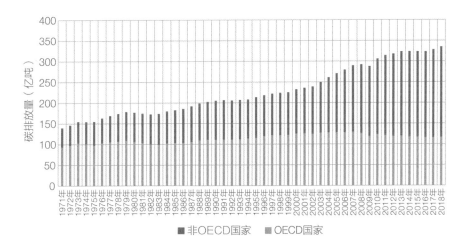

1971—2018年OECD和非OECD国家的碳排放量变化趋势

数据来源：IEA

> **不同国家的历史碳排放量差异较大，对于气候变化影响程度不同。**

从1850年到2005年的150多年间，在人类释放的二氧化碳总量中，累计排放量排名前十的发达国家碳排放量占到全球总排放量的55%。可以认为，对于工业革命以来人为因素造成的全球气温升高，发达国家需要承担主要责任。

> **考虑各国经济发展、技术进步程度，不同国家碳减排能力不同。**

发达国家经济发展水平高、产业结构优、能源结构清洁，且在先进技术的研发、应用和储备方面都拥有显著优势，碳减排能力相对较强。发展中国家资金和技术实力都相对不足，因此实现深度碳减排的难度也较大。

> **气候变化对各国影响强弱程度不同，不同国家碳减排意愿不同。**

对于部分低海拔沿海国家来说，气温升高将对其本国居民生活、农业发展、沿海旅游、动植物生存等产生严重威胁。这类国家落实碳减排意愿更强，更愿意制定具有雄心的"碳达峰、碳中和"目标。

10 新冠肺炎疫情暴发对全球碳排放产生哪些影响？

　　新冠肺炎疫情导致各国出行和经济活动受限，由此造成的经济衰退使全球二氧化碳排放量减少。根据IEA统计数据，2020年全球一次能源需求同比下降4%；全球能源相关碳排放量总计315亿吨，同比下降5.8%。

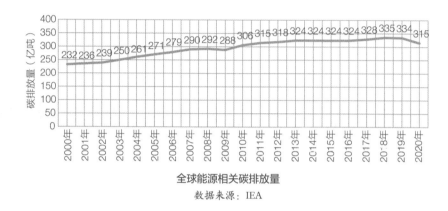

全球能源相关碳排放量

数据来源：IEA

　　逐月来看，新冠肺炎疫情对全球碳排放量影响从2020年2月开始显现。2020年4月，大多数经济体采取了多种限制活动的疫情防控措施，当月全球碳排放量下降达到最大，同比下降14.5%。随着第一波疫情逐步控制和经济复苏，碳排放量开始增加。到2020年12月，当月全球碳排放量同比增加2%。

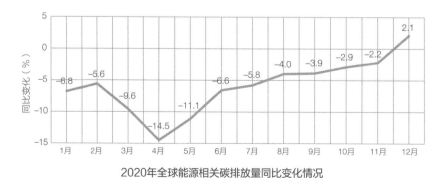

2020年全球能源相关碳排放量同比变化情况

数据来源：IEA

　　分能源品种来看，由石油消费引起的碳排放量降幅最大。2020年全球能源相关碳排放量同比减少20亿吨，其中，煤炭、石油、天然气消费引起的碳排放量分别同比减少6亿、12亿、2亿吨。

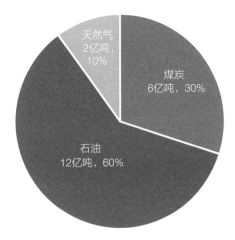

2020年全球分燃料类型碳排放减少量（与2019年相比）

数据来源：IEA

　　分领域来看，交通运输领域碳排放受新冠肺炎疫情影响较大。由于新冠肺炎疫情导致的本地及国际出行受限，2020年全球交通运输部门由石油消费产生的二氧化碳排放量同比减少11亿吨，约占2020年全球碳排放量减少值的50%。

（二） 目标现状

11 我国提出"碳达峰、碳中和"目标的背景是什么？

我国提出"碳达峰、碳中和"目标存在国际和国内双重背景。

从国际背景来看，全球各国在气候变化领域形成了"有挑战、有共识、有承诺、有竞争"的格局。

一是全球气候变暖已经成为人类发展的最大挑战之一。工业革命以来，全球温升速度加快，温室效应明显，对自然和生态环境造成严重影响。IPCC《第五次评估报告第一工作组报告》指出："全球平均陆地和海洋表面温度的线性趋势计算结果表明，在1880—2012年期间温度升高了0.85（0.65至1.06）℃。"[1]

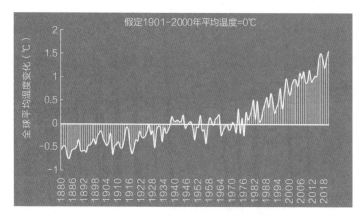

1880—2018年全球平均温度

数据来源：National Oceanic and Atmospheric Administration

---

[1] 在该报告中，除非另有说明，不确定性用90%不确定性区间进行量化，括号中给出的区间表示这一区间预计有90%的可能性涵盖了估算值。

二是国际社会在应对气候变化议题上已经达成共识，各国陆续作出承诺。2015年巴黎气候大会上，近200个缔约方通过了《巴黎协定》实施细则。按照协定要求，各缔约方要根据自身国情和发展阶段提出国家自主减排贡献方案，且每5年进行更新，以提高减排力度。全球有几十个国家早于我国提出实现碳中和的目标愿景，美国、英国、德国、法国、日本、意大利、加拿大等发达国家陆续承诺，在2050年实现碳中和。

三是应对气候变化将成为大国竞争、博弈和合作的重要领域。在全球应对气候变化的一致目标下，各国将在可再生能源、电动汽车等低碳领域展开激烈竞争，能源和经济低碳转型将重塑世界竞争格局，成为加剧世界百年大变局的助燃剂。随着新冠肺炎疫情的逐步缓解以及美国重返《巴黎协定》，国际社会在气候变化领域的博弈日益加剧，世界各国对疫情后我国引领世界绿色复苏也充满期待。

从国内背景来看，推进"碳达峰、碳中和"已是势在必行。

一是"碳达峰、碳中和"是我国生态文明建设整体布局的重要环节。生态文明建设是关系中华民族永续发展的千年大计。党的十八大以来，在以习近平同志为核心的党中央坚强领导下，全国各地深入贯彻习近平生态文明思想，积极实施应对气候变化战略，有效扭转二氧化碳排放快速增长局面，为全球生态文明建设作出示范引领和重要贡献。

二是我国已成为全球最大的二氧化碳排放国。我国二氧化碳排放量伴随经济发展不断上升，据《BP世界能源统计年鉴2020》数据显示，2019年能源相关碳排放量已达到98.26亿吨，占全球总量的28.8%，比排在第二位的美国高出近一倍。

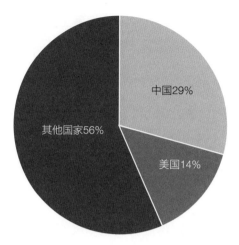

2019年全球能源相关碳排放量

数据来源：BP世界能源统计年鉴

三是我国在低碳发展领域已积累了宝贵经验。碳减排方面，我国近年来积极参与国际社会碳减排取得成效，2019年二氧化碳排放强度较2005年下降48%。森林覆盖方面，我国森林面积和森林蓄积量连续增长，具备森林固碳条件，截至2020年年底我国森林蓄积量超过174亿米³，森林覆盖率23%。低碳转型方面，我国大力推动能源转型和清洁能源利用，截至2020年年底可再生能源装机容量位居世界第一。

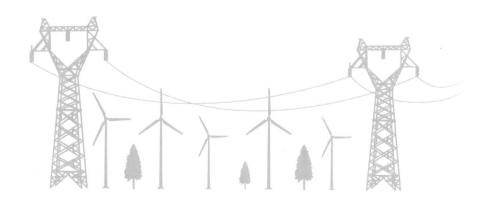

12 我国提出碳中和目标对全球应对气候变化有什么意义？

我国提出碳中和目标对全球应对气候变化具有重大意义，能够大幅降低全球预测气温，显著缩短全球实现碳中和时间，并且提振全人类应对气候变化的信心。

▶ **我国承诺的碳中和目标将使全球预测升温大幅降低。**气候监察组织"气候行动追踪"（Carbon Action Tracker，CAT）估计，如果我国能够在2060年左右实现碳中和目标，2100年全球预测温升幅度将降低约0.2℃～0.3℃，相比工业革命前的累计温升将降至2.4℃～2.5℃，更接近《巴黎协定》规定的1.5℃的温升极限。我国的承诺，使全球距离实现《巴黎协定》的目标迈出了一大步。相反，在不考虑我国碳中和目标的情况下，估计到2100年全球温升幅度将达到2.7℃。

▶ **我国承诺的碳中和目标将使全球实现碳中和的时间大幅缩短。**生态环境部气候变化事务特别顾问、清华大学气候变化与可持续发展研究院院长解振华指出，我国提出的2060年之前碳中和的目标，远远超出了《巴黎协定》的要求，比"全球需要在2065—2070年左右实现碳中和"的2度目标预期更加积极，这可能使全球实现碳中和的时间提前5～10年，并对全球气候治理起到关键性的推动作用。

▶ **我国承诺的碳中和目标将提振人类应对气候变化的信心。**作为发展中国家，我国主动提出并宣布碳中和目标，是全球应对气候变化进程中的里程碑事件，也是我国对构建人类命运共同体的实质承诺。在2000—2010年间，我国已经成为全球第一大温室气体排放国，缺乏我国的积极参与，全球碳中和进程将难以推进。因此，我国宣示碳中和目标，向全世界传递了重大的积极信号，提振了全球共同应对气候变化的信心。

13 我国的"碳达峰、碳中和"目标相比其他国家来讲力度如何?

与欧美等其他国家相比,我国提出"碳达峰、碳中和"目标的力度和实现难度都是更大的,可以从以下两方面理解:

我国当前碳排放体量居世界首位,减排压力巨大

2019年我国能源相关碳排放量约98亿吨,超过美国、欧盟、日本的总和,预计2030年前能源相关碳排放峰值在105亿吨左右。

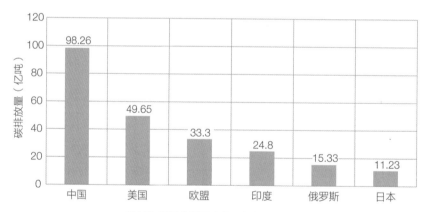

2019年世界典型国家能源相关碳排放量

数据来源:BP世界能源统计年鉴2020

我国从碳达峰到碳中和预留的时间更短

　　欧盟、美国等多个国家（地区）已实现碳达峰，到2050年碳中和有50至70年的过渡期。而我国碳排放总量仍在增加，从2030年碳达峰到碳中和仅有30年时间，碳排放在达峰后就必须迅速下降，实现2060年碳中和目标要比发达国家付出更大的努力。

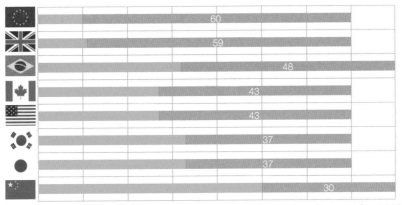

1980年　1990年　2000年　2010年　2020年　2030年　2040年　2050年　2060年

■碳达峰时间　■碳中和时间

典型国家（地区）"碳达峰、碳中和"目标年份

数据来源：《江苏生态环境》

14 我国实现"碳达峰、碳中和"目标面临的主要挑战有哪些?

我国实现"碳达峰、碳中和"目标面临的主要挑战有以下四方面:

我国从碳达峰到碳中和缓冲期短,实现"碳达峰、碳中和"目标时间紧

欧洲各国大多在20世纪八九十年代就已经实现碳达峰,之后经历了漫长的达峰平台期,即将走向快速下降和碳中和阶段。总体来看,欧盟承诺的碳中和距碳达峰的时间跨度约为65—70年。而我国承诺的碳达峰到碳中和的时间跨度是30年,碳达峰之后的平台期缓冲时间非常有限。

我国第二产业占比高,碳排放强度高,产业转型难

碳排放强度受经济规模、产业结构等因素影响大。与发达国家相比,我国经济结构第二产业[1](以下简称"二产")比重大,二产中火电、冶金、石化、建筑、化工等行业占比高,这类行业能耗高、污染重,碳排放强度高。IEA数据显示,我国单位GDP碳排放强度是世界平均水平的2倍,是欧盟的3倍多。

---

[1] 按"三次产业划分规定",第二产业是指采矿业(不含开采辅助活动)、制造业(不含金属制品、机械和设备修理业),电力、燃气及水的生产和供应业,建筑业。

我国能源消费结构中煤炭占比高，由化石能源系统变成净零碳排放能源系统，对能源安全稳定供应挑战大

我国经济由高速增长转为高质量发展阶段，经济发展对化石能源，尤其是煤炭的依赖度仍较高。从能源消费结构来看，我国仍以化石能源消费为主，占比80%以上。因此，我国面临着仅用40年左右时间就要将化石能源系统变成净零碳排放能源系统的巨大挑战。

实现"碳达峰、碳中和"目标涉及领域广、任务多，统筹协调难度大

实现"碳达峰、碳中和"是一项复杂的系统工程，涉及电力、工业、交通、建筑等各个领域，涵盖包括产业结构优化、能源结构调整、绿色低碳技术研发推广、绿色低碳政策体系构建、法律法规和标准体系完善等一系列任务，需要妥善处理好发展与减排、整体与局部、短期与中长期、投入与效益的关系。

15 我国年度温室气体排放量为多少？主要排放来源是什么？

　　根据2018年编制的中华人民共和国气候变化第二次两年更新报告，2014年我国温室气体排放总量（不考虑温室气体吸入汇）为123.01亿吨二氧化碳当量。从温室气体分类来看，二氧化碳占比约为83.5%，甲烷占比约为9.1%，氧化亚氮占比约为5.0%，含氟气体占比约为2.4%；从排放来源来看，能源活动占比约为77.7%，工业生产过程占比约为14.0%，农业活动占比约为6.7%，废弃物处理占比约为1.6%。

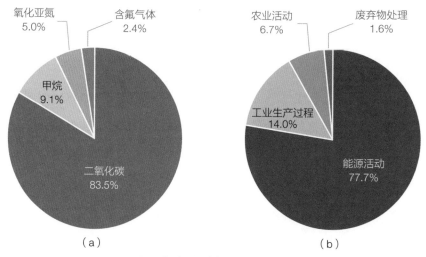

2014年我国温室气体排放量占比
（a）不同温室气体种类；（b）不同排放来源
数据来源：生态环境部

　　根据IEA统计数据，2008—2018年我国能源相关碳排放量呈现快递增长趋势，其中2018年我国能源相关碳排放量（不含国际航空航海）约为95.30亿吨。其中，排放占比较大的是电力和供热领域、工业领域和交通领域，分别占我国能源相关碳排放量的51.39%、27.99%和9.63%。

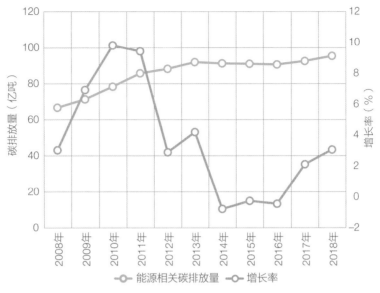

2008—2018年我国能源相关碳排放量

数据来源：IEA

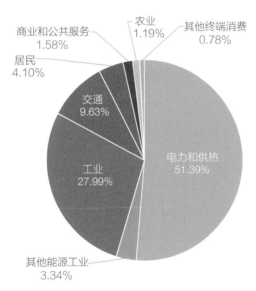

2018年我国各领域与能源相关碳排放量占比情况

数据来源：IEA

16 我国各省区能源相关碳排放量水平如何？

根据中国碳核算数据库（China Emission Accounts and Datasets, CEADs）统计数据，2018年我国能源相关碳排放量为98.77亿吨（注：由于统计口径有差异，IEA统计数据与CEADs统计数据可能存在数值不等的情况）。

各省市中，排放量最大的三个省（区、市）是河北省、山东省和江苏省，能源相关碳排放量分别为8.84亿、8.65亿和7.21亿吨，三省（区、市）总排放量占全国能源相关碳排放量的比例达到25.01%；排放量最少的三个省（区、市）是海南省、青海省和北京市，能源相关碳排放量分别为0.36亿、0.48亿和0.88亿吨，三省（区、市）总排放量占全国能源相关碳排放量的比例仅为1.75%。

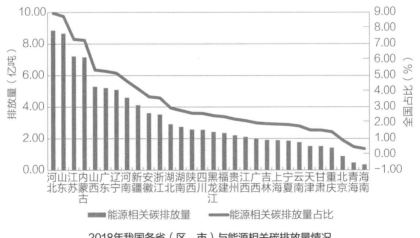

2018年我国各省（区、市）与能源相关碳排放量情况

数据来源：CEADs

17 我国人均能源相关碳排放量、单位GDP能源相关碳排放量与全球平均排放量水平相比如何？

2000年以来，随着经济发展和人民生活水平提升，我国人均二氧化碳排放量持续增长，于2006年出现从低于全球平均排放量水平到高于全球平均排放量水平的转变。2000—2018年，我国人均能源相关碳排放量的年均增速为5.7%。2000年，我国人均碳排放量约为2.5吨，比全球平均水平低34.2%。2006年，我国人均碳排放量达到4.6吨，首次超过当年全球平均水平（4.2吨）。2018年，我国人均碳排放量约为6.9吨，比全球平均水平高56%。

当前我国人均碳排放量显著高于全球平均量和部分发展中国家平均量，但仍低于不少发达国家平均量。主要发达国家（地区）中，美国、日本的2018年人均碳排放量分别约为15.06、8.54吨，分别比我国高119%和24%。欧盟的低碳发展理念已经深入人心，其2018年人均碳排放量为6.1吨，略低于我国。许多发展中国家（地区）都存在人口基数大、经济发展相对落后的情况，因此，其人均碳排放量普遍偏低。以印度为例，2018年人均碳排放量仅为1.7吨，比我国低75.1%。

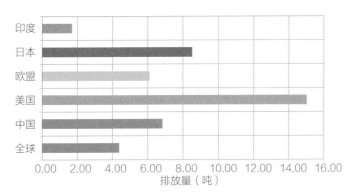

2018年主要国家（地区）人均碳排放量情况

数据来源：IEA，世界银行

　　2000年以来，我国单位GDP碳排放量总体呈现下降趋势，个别年份出现小幅上升。2000—2018年，我国单位GDP碳排放量（GDP按市场汇率法计算，单位为2010年不变价美元，下同）降幅达到36.9%，年均下降率约为5.4%。2005年，我国单位GDP碳排放量达到21世纪以来的最高值，约为1.52千克/美元，相比2000年升高了9.3%，为当年全球平均水平的2.3倍。

　　由于经济结构中工业产业（尤其是高耗能工业）占比较高，我国单位GDP碳排放量显著高于全球平均水平，大幅高于主要发达国家（地区），与部分发展中国家（地区）相近。2018年，我国单位GDP碳排放量约为0.88千克/美元，比全球平均水平高118%。发达国家（地区）大多以高附加值、低能耗工业为主，再加上能源结构和技术水平都相对较高，单位GDP碳排放量普遍低于全球平均水平。2018年，美国、欧盟、日本的单位GDP碳排放量分别约为0.27、0.16、0.18千克/美元，分别比我国同年水平低69%、81%、80%。印度的单位GDP碳排放量约为0.82千克/美元，与我国相近。

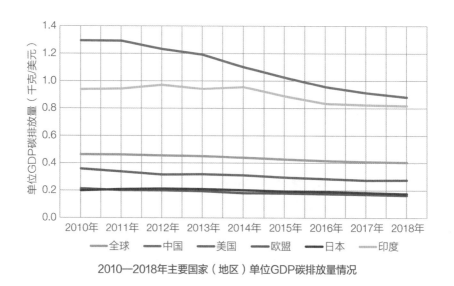

2010—2018年主要国家（地区）单位GDP碳排放量情况

18 我国碳排放重点领域与能源相关的排放水平如何?

我国碳排放重点领域主要包括电力及供热、制造和建筑、交通运输等。总体看来,能源相关碳排放量最大的领域为电力和供热,其次为制造和建筑,最后为交通。根据IEA统计数据,2018年,电力和供热领域、制造和建筑领域的能源相关碳排放量之和占能源相关碳排放总量的比例达到近80%,交通运输等其他领域的能源相关碳排放量之和占能源相关碳排放量的比例仅为20%左右。

相比2000年,2018年电力和供热领域的碳排放量增长243%,年均增速约为7.1%;在能源相关碳排放总量中的占比由46%上升至51%。

2000—2018年电力和供热领域能源相关碳排放量和占比

数据来源:IEA

相比2000年,2018年制造和建筑领域的碳排放量增长了194%,年均增速约为6.2%。在能源相关碳排放量中的占比由29.2%下降至28.0%。其中,制造领域中的钢铁、非金属矿物、石油化工三个行业的排放量较大，2018年碳排放量分别为11.7、5.7、4.2亿吨，占我国能源相关碳排放总量的比例分别约为12.2%、6.0%、4.4%。

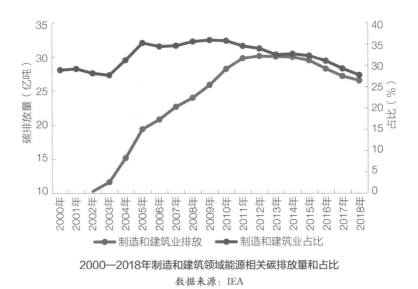

2000—2018年制造和建筑领域能源相关碳排放量和占比

数据来源：IEA

相比2000年，2018年交通领域的碳排放量增长了269%，年均增速约为7.5%。在能源相关碳排放量中的占比由8.0%上升至9.6%。

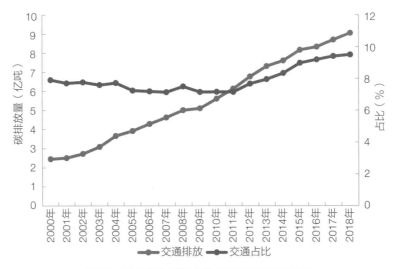

2000—2018年交通领域能源相关碳排放量和占比

数据来源：IEA

19 近年来我国发电行业碳排放量变化趋势如何？

根据IEA统计数据，近年来我国发电行业能源相关碳排放量呈现出一定的阶段性特征，大致可分为三个阶段：

① 2000—2013年 呈现较快增长趋势，年均增速约为10.1%

② 2013—2015年 短暂进入平台期

③ 2015—2018年 排放量再次增加，年均增速约为4.8%

2000—2018年我国发电行业碳排放量变化趋势如下图所示。

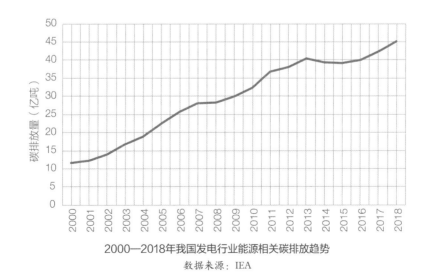

2000—2018年我国发电行业能源相关碳排放趋势

数据来源：IEA

20 我国单位能源供应碳排放量、平均度电碳排放量与全球平均排放水平相比如何？

单位能源供应碳排放量是指实现单位能源供应的二氧化碳排放量，即能源相关碳排放量与能源供应总量的比值。2000年以来，我国单位能源供应碳排放量先后经历了上升、平稳、下降三个变化阶段。2000—2007年，我国单位能源供应碳排放量处于快速上升阶段，年均增长率为1.7%。2007年，我国单位能源供应碳排放量为73.7吨/太焦，比同年全球平均水平高29.3%。2007—2013年，我国单位能源供应碳排放量处于平台期，变化幅度较小。2013年后，我国单位能源供应碳排放量出现缓慢下降趋势，到2018年降至71.2吨/太焦，五年内年均下降率为1.1%。

受社会经济发展阶段和能源结构双重影响，现阶段我国单位能源供应碳排放量高于全球平均水平和大部分发达国家（地区）。2018年，全球单位能源供应碳排放量约为56吨/太焦，我国比全球平均水平高27.1%。主要发达国家（地区）中，欧盟的单位能源供应碳排放量最低，2018年约为46.8吨/太焦，比我国当年水平低34.3%。主要发展中国家（地区）中，非洲的

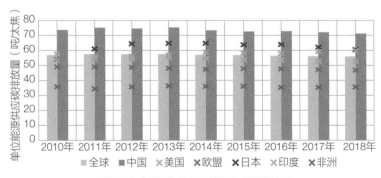

部分国家（地区）的单位能源供应碳排放量

数据来源：IEA

单位能源供应碳排放量最低，2018年约为35.5吨/太焦，比我国当年水平低36.6%，主要原因是非洲地区对薪柴等初级生物质能的消费量相对较大。

平均度电碳排放量是指每生产一度电带来的直接碳排放，即发电行业能源相关碳排放量与总发电量的比值。2000年以来，我国平均度电碳排放量呈现出先升高后下降的趋势，于2005年左右达到峰值。2005年，我国平均度电碳排放量约为903.4克/千瓦时，相比2000年升高了6.4%，比当年全球平均水平高70%。2005年起，我国平均度电碳排放量基本呈现出逐年下降的趋势，2010、2015年的度电碳排放量分别约为770.5、671.6克/千瓦时，五年下降率分别约为14.7%和12.8%。

由于煤电在我国电源结构中的占比较高，我国发电行业的平均度电碳排放量显著高于世界平均水平和主要发达地区水平。2018年，我国发电行业的平均度电碳排放量约为631.9克/千瓦时，比全球平均水平高37.3%。发达地区的度电碳排放量普遍较低，主要受益于其电源结构的低碳化和高效技术的广泛普及。以美国、欧盟、日本为例，2018年这三个国家（地区）的平均度电碳排放量分别为406.2、280.2、434.6克/千瓦时，分别比我国同年水平低35.7%、55.7%、31.2%。与发展中地区相比时可以发现，我国的度电煤耗与同样以煤电为主的印度比较接近，略高于非洲等其他发展中地区。

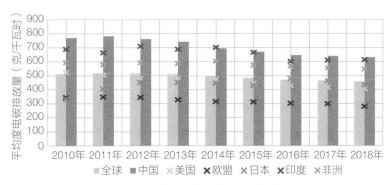

部分国家（地区）的平均度电碳排放量

数据来源：基于IEA碳排放数据和能源平衡表计算得到

21 "碳达峰、碳中和"目标的提出对我国能源领域可能有哪些影响？

"碳达峰、碳中和"目标的提出，会对能源领域未来发展带来广泛而深刻的影响，进而加快能源清洁低碳发展的进程。这些影响将从生产、消费、技术、政策、市场等多个侧面分别显现。

能源生产结构的绿色转型将提速

"碳达峰、碳中和"目标下，化石能源占比将持续下降，对风电、光伏、水电、核电、生物质能、地热能等清洁能源发展带来新的机遇。

能源消费效率提高，结构进一步优化

能源消费方式将发生重大转变，在强化节能优先的同时，对化石能源消费总量的控制力度也将显著加强。同时，"碳达峰、碳中和"目标下电能替代加快推进，这将对多能互补和分布式清洁能源广泛利用产生重要的推动作用。

新兴低碳技术将赢得发展机遇

受"碳达峰、碳中和"目标的激励，一大批面向产业化的新兴低碳能源技术在未来十年可能加速发展。这些技术主要包括：高效光伏组件、固态电化学电池等处于产业化初期的技术；燃料电池、微型堆供暖、钙钛矿电池、CCUS等处于产业化准备阶段的技术；处于孵化之中绿氢及衍生技术、零碳能源化工耦合系统技术等。

能源市场体系和价格机制将不断完善

为了引导扶持能源绿色发展，调动用户节能降耗和参与需求侧响应的积极性，能源市场建设和价格机制完善将得到实质性推进。

能源领域绿色金融体系将不断健全

碳中和目标提出后，生态环境部等五部委共同发布了《关于促进应对气候变化投融资的指导意见》，将通过构建政策体系和完善标准体系，开发与碳排放权相关的金融产品，引导更多资金投向应对气候变化领域。

二、实现路径篇

（一）国际经验

22 美国、欧盟、日本等国家（地区）的碳中和目标愿景和重点举措是什么？

美国、欧盟、日本等国家（地区）的碳中和目标愿景和重点举措如下表所示：

国家（地区）	碳中和目标愿景	重点举措
美国	拜登政府提出"到2035年，通过向可再生能源过渡实现无碳发电；到2050年，让美国实现碳中和"	一是2035年建成零碳电力系统；二是通过电能替代、节能等措施降低居民建筑碳排放；三是通过改善燃料经济性等措施降低交通领域碳排放；四是通过发展碳捕集技术、推广清洁能源替代等措施降低工业领域碳排放；五是降低农林碳排放并发展碳汇；六是加大对技术创新的资金支持
欧盟	欧盟委员会提出到2050年欧洲在全球范围内率先实现"碳中和"。2020年3月，欧盟委员会提交《欧洲气候法》，旨在从法律层面确保欧洲到2050年实现气候中和，该法案为欧盟所有政策设定了目标和努力方向	一是推动能源供应的脱碳；二是提倡低碳、清洁和互联的交通方式；三是发展竞争性产业和循环经济；四是提高传统能源的利用效率，从2005年到2050年，将能源消耗量减半；五是建设智能和互联的基础设施；六是发展生态经济创造碳汇，通过土地的可持续利用和发展农业创造更多的碳汇；七是发展碳捕捉和储存技术，利用碳捕捉和储存技术解决二氧化碳排放问题，以降低温室气体的排放

续表

国家（地区）	碳中和目标愿景	重点举措
日本	日本政府 2020 年公布了"2050 年实现净零排放"的路线图。绿色投资被视为日本疫后重塑经济的重点，以及引领日本远离化石燃料、加速清洁能源转型的关键	一是充分利用和推广现有技术，同时系统地优先开发和部署关键新技术；二是捕获和储存二氧化碳的负排放技术也将成为关键要素；三是考虑广泛的政策选择，以解决脱碳特别具有挑战性的工业部门技术和战略的长期不确定性。此外，该报告还对工业、商业建筑、居民建筑、交通运输等领域的潜在减排途径进行了说明

23 为推动碳减排,国际社会对待煤电的态度是什么?

为推动碳减排,国际社会已经形成减少甚至停止使用煤电的趋势。2021年9月第七十六届联合国大会一般性辩论上,我国宣布,不再新建境外煤电项目。

 联合国秘书长古特雷斯向全球所有政府及企业提出淘汰煤炭、投资转移、推动煤电企业转型等多项倡议。

 一是 敦促所有经济合作发展组织成员国致力于在2030年前逐步淘汰煤炭,其他国家则在2040年前淘汰煤炭,并取消全球所有计划中的煤炭项目。

 二是 停止对煤电厂的国际资助,将投资转向可持续能源项目,同时引导多边和公共银行、商业银行、养老基金投资者将投资转移到可再生能源的新经济领域。

 三是 共同努力,一家一家煤电厂地过渡,实现公平转型。通过转型推动可再生能源循环体系建设,创造更多工作岗位。

　　为加速化石燃料和燃煤发电厂淘汰，加拿大和英国共同发起"助力淘汰煤炭联盟"，已经吸纳104个成员。奥地利、澳大利亚等多国已经公布燃煤发电厂关停计划，日本、荷兰、法国、德国等多国能源、金融机构也宣布不再参与或投资煤电项目，多方努力实现21世纪中叶的碳净零排放。

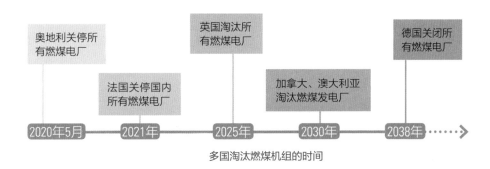

多国淘汰燃煤机组的时间

24 国际上推动城市碳减排的典型经验和做法有哪些?

城市作为人类群居生活的高级形式,是人类进行经济生产与社会活动主要载体,也是碳排放主要承担对象。因此,以城市为对象研究碳减排的典型经验和做法,具有十分重要的现实意义。国际上典型经验和做法有:

哥本哈根
2025年实现碳中和

世界上首个宣布碳中和目标的城市

能源消耗
- 优化区域供热与供电设施运营管理
- 升级供能设施,提高供能效率
- 使用光伏模块补充区域供热
- 监控能源消耗,优化建筑运营

能源生产
- 大力推进风力发电与光伏系统建设
- 转变天然气、区域供热供冷方式,提高能效
- 优化排水输送方式

交通
- 减少交通行业温室气体排放
- 采用零碳排放公交车
- 提高充气站和充电站及电动车免费停车位
- 修建并完善自行车绿色路线与停车场

阿德莱德
2025年建成碳中和城市

- 将太阳能作为主要的城市能源
- 发展储能系统保证城市电网运行可靠性
- 着重发展交通电气化

| **赫尔辛基**
2035年实现
"碳中和城市"的目标 | • 全面推进公共交通工具动力电气化
• 采用热电联产型集中供暖方式
• 升级建筑物能源使用系统 |

| **新加坡**
2030年
新加坡绿色
发展蓝图 | • 提高城市绿化水平，增加城市绿化面积
• 推动清洁能源转型力度，提高绿色能源部署规模
• 推动交通车辆清洁化，逐步淘汰内燃机车辆
• 推动建筑节能减排
• 宣传推广可持续发展观念与绿色生活理念
• 推动构建绿色金融体系，开发绿色金融解决方案和市场 |

能源电力领域

25 "十三五"期间，我国能源电力领域在节能和碳减排领域取得了哪些成效？

"十三五"期间，我国能源电力领域取得了显著的节能减排成效，能源消费总量、单位GDP能源消费量、重点工业产品单位产量能源消费强度、单位GDP二氧化碳排放量、清洁能源消费占比、单位供电量标准煤耗、线损率等关键指标的变化趋势直观地体现了这些成效。

能源消费总量控制实现预期目标

2020年，我国能源消费总量约为49.8亿吨标准煤，较2015年增长14.7%，实现了《能源发展"十三五"规划》（发改能源〔2016〕2744号）中提出的"能源消费总量控制在50亿吨标准煤以内"的目标。

单位GDP能源消费量显著下降

单位GDP能源消费量，即能源消费总量与GDP的比值。国家统计局统计数据显示，按2015年不变价计算GDP，2019年单位GDP能源消费量约为0.55吨标准煤/万元，比2015年下降13.3%。2020年，受新冠肺炎疫情影响，我国GDP增速有所放缓，单位GDP能源消费量相比2019年仅下降0.1个百分点。

重点工业产品单位产量能源消费强度显著改善

重点工业产品单位产量能源消费强度，是指生产单位工业产品所消耗的能源量。根据《中华人民共和国国民经济和社会发展统计公报》2015—2020年数据（部分年份数据缺失），整理分析重点工业产品能耗强度下降幅度，如下表所示。

重点工业产品能耗强度下降幅度

产品名称	单位产量能耗强度下降幅度	计算的时间跨度
粗钢	5.8%	2015—2020 年
烧碱	2.9%	2015—2018 年
水泥	1.9%	2015—2017 年
电石	4.2%	2018—2020 年
合成氨	2.8%	2017—2020 年
电解铝	3.2%	2018—2020 年

单位GDP碳排放量控制目标超额完成

单位GDP碳排放量即能源相关二氧化碳排放量与GDP的比值。到2020年年底，我国单位GDP碳排放量比2005年下降48.4%，超额完成了2009年提出的"比2005年下降40%～45%"的目标。

清洁能源消费占比显著提升

"十三五"期间，我国清洁能源消费量占能源消费总量的占比增长了6.4个百分点。2020年，我国天然气、水电、核电、风电等清洁能源消费量占能源消费总量的24.3%，而2015年这一比例仅为17.9%。

电力领域节能减排工作取得显著成效

根据中国电力企业联合会的发布的2015年和2020年《电力统计基本数据一览表》，2015年和2020年，全国6000千瓦及以上火电厂的单位供电量标准煤耗（即发电标准煤耗量与供电量的比值）分别约为315、305.5克/千瓦时，"十三五"期间的降幅达到3.0%；2015年、2020年，全国线损率（电力网络中损耗的电能占向电力网络供应电能的百分数）分别约为6.64%和5.62%，"十三五"期间下降了1.02个百分点。

26 "碳达峰、碳中和"目标下能源领域转型发展可能呈现哪些方向性特征？

"碳达峰、碳中和"目标下，能源领域转型发展可能呈现以下方向性特征：

电力部门逐步实现脱碳化

通过逐步淘汰常规燃煤发电，快速提升可再生能源装机容量与发电量，安全发展核能，促进CCUS等新兴技术在发电领域的应用，实现电力部门逐步脱碳。

终端用能领域电气化进程加快

通过推广电能替代，在具备条件的工业领域促进以电产热技术的应用；在建筑领域加速炊事、供暖和热水供应的电气化；在交通领域加快普及电动汽车，促使终端用能部门的电气化程度进一步提升。

非电力低碳燃料应用范围扩大

在电气化不具可行性或经济性的情况下，氢气和生物质燃料等低碳燃料有望在高耗能行业作为燃料或原料使用，也可能用于长途货运、航海、航空等交通行业。

负碳排放技术的发展和应用提速

通过大力发展生物质能CCUS等负碳排放技术，或布局应用二氧化碳清除技术，抵消主要来自交通和工业部门的残留碳排放，在2060年之前实现碳中和。

27 "碳达峰、碳中和"目标下电力系统低碳转型面临哪些挑战?

"碳达峰、碳中和"目标的确立，意味着我国经济社会发展的边界条件发生了显著变化。电力行业存在排放体量大、路径依赖强等特点，目前我国经济已由高速发展转向高质量发展阶段，必须在满足负荷增长的情况下，推动电力系统低碳转型。这需要在实现"碳达峰、碳中和"目标过程中进行系统层面的调整，协同好低碳转型和支撑经济社会发展的关系，逐步构建以新能源为主体的新型电力系统。

在推动电力系统低碳转型，构建以新能源为主体的新型电力系统的过程中，主要面临以下几方面挑战：

如何促进可再生能源开发消纳

要推动可再生能源项目的开发，需要在土地资源、风光资源、投融资机制、收益保障机制等多方面实现统筹。同时，我国还面临资源集中区域与负荷中心不一致的问题，西北部集中式可再生能源发展与中东部分布式可再生能源发展的有机协调也至关重要。

如何平稳推动煤电行业转型升级

"碳达峰、碳中和"目标下，煤电发电量长期来看将持续降低，而现阶段燃煤发电机组又对保障电力充足供应和系统安全运行发挥着重要作用，2019年煤电机组在辅助服务（调频、调峰）中占比超过50%。燃煤机组电量收益大幅降低，辅助服务收益不确定性较大，现行运营模式难以保障其成本的覆盖。要持续推进电力系统的低碳转型，必须解决煤电角色定位不清晰、收益保障机制不明确的问题。

如何保障高比例可再生能源接入后的系统安全

风、光等可再生能源无法提供系统所需要的转动惯量、一次调频、电压支撑等服务还不具备"组网"能力。高比例可再生能源接入后，系统运行的稳定性特征将发生根本性的变化，现有的系统运行方式、安控措施都需要进行调整。同时，风、光等能源出力的不确定性对系统不同时间尺度的调节能力都提出了新的要求。在煤电逐步退出后，传统同步机系统将面临较大的运行压力。

如何通过体制机制改革实现系统成本的有效传导

当前，我国的电力行业转型成本仍主要在电力行业内部消纳，无法激励行业主体开展创新、推动系统低碳转型。要实现电力系统低碳转型，新技术的研发和应用不可或缺，电力系统成本将进一步增加，行业内部难以独立负担，需要通过市场化的方式向电力用户进行疏导。

28 碳中和背景下电力系统还需要做哪些适应性调整？

碳中和背景下电力系统还需要在以下四方面做进一步调整：

推进电力供给侧结构改革

加快推进电力生产清洁替代，稳步淘汰煤电过剩产能。降低电力生产清洁化成本，补齐农村电网等基础设施短板。加快完善新能源发电上网政策保障体制，推进新能源电站建设。

推进电网发展全面升级

持续强化高比例可再生能源、高比例电力电子设备、高比例外来电接入条件下电网运行的可靠程度；加快各电压等级电网建设与升级改造；提高电网调度与控制数字化、智能化水平，优化电网调度运行能力。

推进电力系统灵活性提升

推动传统火电机组灵活性改造，提高系统调节能力。推进抽水蓄能电站与电化学储能高质量快速发展，强化清洁能源消纳支撑。充分发挥电力辅助服务市场作用，完善市场化体制机制，提高各类机组参与辅助服务市场积极性。

推进能源电力技术创新和应用

加大适用电力领域的CCUS技术研发力度，促进减排脱碳技术快速高效发展。强化电力能源与数字技术融合发展，积极推进综合智慧能源系统建设，坚持智能供电、智慧用电，提升全社会终端用能效率。

29 什么是高碳锁定效应？我国电力领域的高碳锁定效应主要体现在哪些方面？

　　高碳锁定效应，是指一个国家、区域或产业的发展依赖于以二氧化碳高排放为主的能源体系，且难以摆脱的状态。"高碳锁定效应"最早由西班牙学者Gregory C. Unruh提出，这种效应依赖高碳排放增加发展动力，由此产生一种规模报酬递增效应，并推动相应技术体系与规章制度共同发展。化石能源体系短期难以替代的局面即为高碳锁定效应的典型。

　　我国电力生产长期以煤电机组为主，高碳消耗、高碳排放是煤电机组的主要特点，因此电力领域中发电行业更容易产生高碳锁定效应，我国电力领域的高碳锁定效应主要体现在体系、技术、制度等方面。

体系锁定
- 燃煤发电仍占据电力生产供应体系主要位置，且短时间难以改变
- 不少传统发电企业的经营思路、内部管理等非技术环节的体系性因素长期建立在以煤电为基础的结构上

技术锁定
- 传统的电力生产技术路线多以燃煤发电为主
- 高比例新能源接入情况下保障电力系统安全运行的技术和方式尚存在推广障碍

电力行业高碳锁定

制度锁定
- 现有政策尚无法支撑煤电的稳步有序改造和退出，难以实现传统煤电的大规模减量化

30 我国电力领域应对高碳锁定效应有哪些选择？

我国的高碳锁定效应主要发生在燃煤发电行业和钢铁、水泥等部分高耗能工业行业。应对电力领域的高碳锁定效应，可以考虑从以下四方面入手：

严控增量项目

对于新增火力发电投资项目，做到谨慎核准、谨慎建设，在项目规划阶段需要评估对"碳达峰、碳中和"目标可能带来的影响，把不符合要求的高耗能、高排放项目坚决拿下来。

优化存量项目

对于已经建成的燃煤发电机组，一方面，应积极探索减碳增效的技术升级措施和碳捕集技术的应用，尽可能降低存量机组在电力生产过程中的碳排放强度；另一方面，应该推动燃煤发电机组转变其功能定位，发挥其对电网运行的调节性作用，为接入高比例可再生能源的电力系统提供辅助服务。

推动技术进步

推动新能源发电、储能、需求侧响应等方面技术加快发展和创新应用,提高新能源发电占比,加快构建以新能源为主体的新型电力系统,促进电力生产清洁化,逐步摆脱高碳效应的强约束。

健全体制机制

针对历史上形成的支撑强化电力高碳体系的各种约束规范、市场规则和主观认知等非技术环节,需要打破传统行业思路,坚持以脱碳减排为导向,建立健全保障低碳电力发展的体制机制,积极引导市场资本健康流向低碳电力项目,为实现碳中和目标提供更大助力。

31 我国电网企业推动实现"碳达峰、碳中和"目标可以有哪些重点举措?

立足自身企业特点,电网企业为推动"碳达峰、碳中和"目标实现,主要采取的重点举措有以下几方面:

加快电网建设,提升清洁能源优化配置能力

落实国家"西电东送"战略,加快跨省区通道建设,加大跨区输送清洁能源力度;持续提升特高压通道利用效率,进一步提升清洁能源输送能力,实现清洁能源在全国范围内的优化配置。

优化调度运行,保障电网安全稳定运行

随着"碳达峰、碳中和"目标推进,未来新能源规模不断增加,高比例新能源并网将对电网安全稳定运行带来挑战。电网企业需要持续优化调度运行,不断提升电力系统灵活性,确保电力安全可靠供应。

加快电网转型升级,推动构建以新能源为主体的新型电力系统

构建适应新能源发展的坚强网架,推动电网数字化转型,适应新型用能设备和电力电子设备广泛接入,全面建设安全、可靠、绿色、高效、智能的现代化电网。

大力推动清洁能源发展,推动电源侧清洁替代

坚持集中式和分布式电源开发并举,大力推动风电、太阳能发电、水电等各类清洁能源有序建设,重点做好清洁能源并网服务工作。

大力实施电能替代，提升终端电气化水平

积极推进工业生产、交通运输、农业生产、居民生活等领域实施"以电代煤""以电代油"，不断提高电能占终端能源消费比重；加快充电基础设施建设，拓宽节能服务业务，推动实现能源资源高效利用。

推进电力系统技术装备创新，提升系统安全和效率水平

加快核心技术研发和创新，促进全套设备制造能力提升，实现清洁能源高效利用，促进资源大范围优化配置。

32 我国发电企业推动实现"碳达峰、碳中和"目标可以有哪些重点举措?

立足自身企业特点,发电企业为推动"碳达峰、碳中和"目标实现,主要采取的重点举措有以下几方面:

发展清洁能源发电项目

加快风电、太阳能发电项目布局,持续推进水电发展,积极有序发展核电,加强风电技术、光伏发电技术、储能技术方面研究和投资,推动能源结构清洁化发展。

推动化石能源低碳减排技术研发和应用

大力发展先进发电技术,包括热电冷三联供技术、高效率煤炭发电技术、高效率天然气发电技术等,提高发电能效,降低二氧化碳排放强度。优化化石能源发电运营技术,通过优化运营管理,提高能源转换效率。加强对CCUS技术的科技投入与深入研究,推动CCUS技术应用。

积极参与和适应碳排放权交易市场

构建企业碳资产管理制度体系,规范企业内部各排放单位碳排放、碳资产、碳金融等管理行为。做好配额管理和履约工作,包括碳配额获取、排放监测、排放报告编制、配额清缴等。

33 我国油气企业推动实现"碳达峰、碳中和"目标可以有哪些重点举措?

立足企业自身特点,油气企业为推动"碳达峰、碳中和"目标实现,主要采取的重点举措有以下几方面:

谋划拓展新业务和产业布局

随着"碳达峰、碳中和"目标提出,我国新能源汽车产业将持续发展,储能、氢能等新技术也将加快进步,油气企业可及时跟踪我国油品需求变化趋势,研判新技术发展趋势,提前做好相关新业务的拓展和产业布局谋划。

做好碳资产管理工作

"碳达峰、碳中和"目标背景下,我国碳市场建设将加快推进,交易主体将逐步覆盖包括石化、化工、电力等在内的八大重点排放行业。油气企业可提前做好碳资产管理工作,包括碳排放管理、碳交易管理、碳中和林建设等。

加大碳移除技术研发应用

油气领域仍是油气企业的优势所在。在拓展新业务和产业布局的同时,油气企业仍须加大对CCUS等碳移除技术的研发应用,努力降低企业成本,降低碳排放,助力油气业务低碳发展。

（三） 其他领域

34 高耗能领域中实现碳中和目标压力较大的有哪些环节？

钢铁、水泥、交通等高耗能领域实现碳中和目标压力较大，主要原因有：

钢铁、水泥行业由于能源需求、产业结构、生产工艺等原因，实现深度脱碳难度较大

化石能源减量困难。钢铁、水泥的生产过程中需要稳定的高温热源，而现阶段的清洁能源技术难以满足工艺需求、生产成本过高，因此其生产过程的化石能源难以实现完全替代，深度脱碳难度较大。

供需关系复杂。在"碳达峰、碳中和"目标下，产量削减是最直接、有效的碳减排方式，但钢铁为工业产业链重要上游材料，水泥为基础设施建设的重要原料，如果进行大幅的产量削减，将对多种工业产品的原料供应带来较大影响，可能对我国产业链的完整和畅通带来冲击。

生产工艺特殊。对于水泥行业而言，石灰石分解是当前生产工艺中的必要步骤，也是水泥行业碳排放的重要来源，约60%的单位水泥生产排放由这一化学反应过程产生，节能或能源替代等常规措施无法实现这部分碳排放的降低，只能依托于生产工艺的颠覆性改变。

重型交通动力清洁化困难。重型陆路运输、海运、空运等重型交通运输工具对动力要求与续航里程要求很高，现阶段的清洁能源动力难以满足其动力要求，储能技术水平也还无法满足重型交通运输工具续航条件。

管理难度较大。交通运输领域主要是分散和移动的污染源，碳捕集技术难以得到有效应用，而且许多交通工具常常跨区域行驶，进行统筹的排放计量、管理和优化也比较困难。

交通行业要实现深度减排脱碳也将面临较大困难

35 我国工业领域可以从哪些方面落实"碳达峰、碳中和"目标？

工业领域的二氧化碳排放主要包括能源消费排放和工业过程排放两部分。工业是我国耗能最大的领域，2018年工业终端能源消费量占全国终端能源消费总量的比例约为65.2%，产生的能源相关碳排放量占全国总量的比例约为28.0%。此外，在水泥、钢铁、电石等主要工业产品的生产中还会产生二氧化碳过程排放，例如水泥生产过程中碳酸盐发生分解就会排放二氧化碳，根据CEADS的统计结果，2016年水泥生产的二氧化碳过程排放量达到了6.4亿吨。

要推动工业领域落实"碳达峰、碳中和"目标，可从以下几方面开展工作：

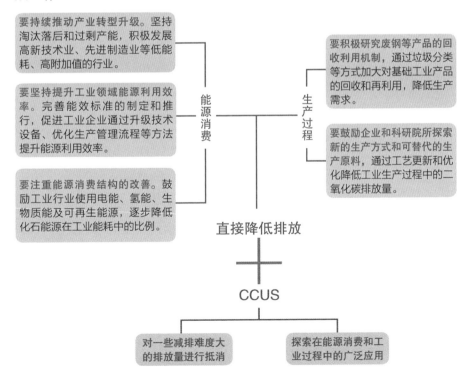

要持续推动产业转型升级。坚持淘汰落后和过剩产能，积极发展高新技术业、先进制造业等低能耗、高附加值的行业。

要坚持提升工业领域能源利用效率。完善能效标准的制定和推行，促进工业企业通过升级技术设备、优化生产管理流程等方法提升能源利用效率。

要注重能源消费结构的改善。鼓励工业行业使用电能、氢能、生物质能及可再生能源，逐步降低化石能源在工业能耗中的比例。

能源消费

要积极研究废钢等产品的回收利用机制，通过垃圾分类等方式加大对基础工业产品的回收和再利用，降低生产需求。

要鼓励企业和科研院所探索新的生产方式和可替代的生产原料，通过工艺更新和优化降低工业生产过程中的二氧化碳排放量。

生产过程

直接降低排放

CCUS

对一些减排难度大的排放量进行抵消

探索在能源消费和工业过程中的广泛应用

36 废钢回收在推动我国实现能源电力领域"碳达峰、碳中和"目标中可以发挥什么作用？其发展现状、未来潜力如何？

钢铁行业要实现近零排放比较困难，其深度减排离不开废钢的有效回收和再利用。钢铁炼制是一个高耗能、高排放过程，而且由于炼钢工艺对高品位热有很大需求，对化石能源进行完全替代也存在较大困难。研究表明，采用废钢替代铁矿石炼钢可以有效降低单位产钢碳排放。从全生命周期排放量来看，利用废钢回收再炼钢的单位产量二氧化碳排放量比使用铁矿石炼钢低67%，在污染物排放和能源消费方面也有显著降低。

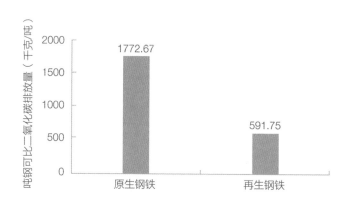

原生钢铁和再生钢铁的碳排放量

数据来源：王宪恩等，《基于 LCA 的废旧资源循环利用节能减排效果评估模式与方法研究——以吉林省某钢铁企业为例》

近年来我国废钢回收量持续增长，废钢利用量也迅速升高，废钢回收再利用的产业链已经形成一定规模。据相关研究机构统计，2017、2018年我国废钢回收量分别约为17391万、21277万吨，同比增长率分别达到15%和22%。由于环保要求的提高，钢铁行业废钢使用量也不断增加，2018年达到14000万吨以上。

　　从国内钢铁供需形势看，未来废钢回收行业仍有较大发展空间。从需求情况来看，在我国保障产业链完整和加快布局新基建的发展要求下，作为重要的基础工业产品，钢铁的需求量有望在中长期内保持平稳。从供给情况来看，国产铁矿受制于开采成本较高、品位较低等因素，难以实现大幅供给增长，而我国各工业行业在城镇化和工业化进程中积蓄了大量钢材资源，将提供丰富的废钢回收资源。因此，未来废钢回收行业仍有较大发展空间。

37 我国交通领域可以从哪些方面落实"碳达峰、碳中和"目标？

交通领域落实"碳达峰、碳中和"目标，可以从公共交通、道路客运、道路货运、铁路、水运、民航等方面开展工作。

公共交通

鼓励使用新能源、清洁燃料的交通工具，加快新能源、清洁能源推广应用；推进交通工具能效提升；推动交通运输提升效率的信息化、智能化建设；推动绿色交通基础设施建设；提高交通治理水平，推动绿色低碳交通治理能力现代化。

道路客运

大力鼓励慢行交通，多方面着力扩大电动汽车、氢能燃料电池汽车等新技术的应用，倡导绿色出行，打造绿色出行服务体系。

道路货运

加快推进大宗货物和中长距离运输的"公转铁""公转水"，发展多式联运。

铁路

进一步提高电气化，优化铁路客货布局，提升集装箱铁水联运比例。

水运

加大新替代燃料的研究，提倡船舶减速航行，推动"公转水"，提升集装箱铁水联运和水水中转比例，推进实施船舶排放控制区。

民航

发展生物航空柴油替代，推动飞行线路调整等运营优化。

38 我国建筑领域可以从哪些方面落实"碳达峰、碳中和"目标?

我国建筑领域落实"碳达峰、碳中和"目标,可以从以下三方面开展工作:

▶ **逐步淘汰燃煤和燃气供暖,推动低碳采暖技术发展**

通过建筑光伏一体化、储能、地源/水源热泵等技术替代燃煤和燃气供暖,降低碳排放。

▶ **大力发展节能和绿色建筑,促进深度减排**

采用超高能效设备以及智能化管理手段,提高能源使用效率,促进深度节能减排。优先采用降低能源负荷的手段,优化调整建筑流线和功能,使用自然通风和照明等被动技术。全面利用节能环保建材替代传统建材,降低建筑材料及建筑垃圾所产生的碳排放。

▶ **完善设备能效标准,制定更加严格的节能标准**

完善家电、灶具等各类设备能效标准,纳入智能技术以实现系统节能。进一步加大电力和可再生能源在建筑领域的应用,持续提高建筑节能设计标准。

三、政策机制篇

39 世界各国推动能源低碳转型的主要机制有哪些?

从国际上来看,推动能源低碳转型的政策机制主要分为强制性机制和激励性机制两种类型。

强制性机制和激励性机制的对比分析

机制	作用	分类	定义	特点
强制性机制	增加企业碳排放成本,提高准入门槛	碳市场	碳市场是一个配额性质的市场	需要各市场主体根据自身所分配的排放指标,决定在碳市场交易策略,碳价与碳配额考核强度密切相关。碳市场能够发挥市场机制作用,使排放成本由无人承担或外部社会承担转化为内部生产成本由企业整体承担,责任主体明确
		碳税	针对二氧化碳排放所征收的税	碳税的碳价格是预先确定的,但减排结果无法预先确定
激励性机制	针对促进可再生能源发展的支持性政策	固定补贴等补贴政策	各国固定补贴机制已经逐步变为长期购电协议 PPA、差价合约、溢价合约等政策机制,同时通过绿证和配额制政策刺激用户侧绿色电力消费需求	
		市场化的"绿证"机制		

🔔 **小贴士** ─────────────────────────

　　截至2020年11月1日，全球共有32个国家（地区）正在实施碳税政策，包括：丹麦、芬兰、瑞典、法国、英国、西班牙、美国加利福尼亚州、加拿大魁北克省、加拿大阿尔伯塔省、哥伦比亚、智利、阿根廷、澳大利亚、新加坡等。

　　截至2021年1月31日，全球共有24个运行中的碳市场，包括：区域温室气体倡议、欧盟、瑞士、德国、英国、美国加利福尼亚州、美国马萨诸塞州、加拿大魁北克省、墨西哥、日本、韩国和中国（部分省市试点）等。

40 什么是碳关税?

碳关税, 也称碳边境调节机制(Carbon Border Adjustment Mechanism, CBAM), 是指对未采取相应温室气体减排措施国家的能源密集型和碳密集型产品征收的二氧化碳排放税。例如, 发达国家对从发展中国家进口的排放密集型产品, 如铝、钢铁、水泥和一些化工产品征收进口关税。

碳关税概念最早由法国前总统希拉克提出, 目的是希望欧盟国家针对未遵守《京都协定书》的国家课征商品进口税, 避免欧盟碳排放交易机制运行后, 欧盟国家所生产的商品遭受不公平竞争。《京都议定书》规定, 包括欧盟在内的发达国家承担温室气体及减排义务, 需在第一个承诺期2008—2012年内, 将温室气体排放在1990年水平基础上削减5%, 其他发展中国家不承担强制减排义务。其中, 美国等少数发达国家以我国和印度等国家没有承担强制性减排义务为由, 坚持不批准《京都议定书》, 拒不承担减排义务。2007年1月, 法国总统希拉克在要求美国签署《京都议定书》时, 警告美国如果不签署该协议, 则会对进口自那些不签署《京都议定书》的国家的产品征收碳关税。2007年11月, 法国总统萨科齐重申碳关税的重要性, 其目的同希拉克一样是为了"保护欧盟在运行碳排放交易体制下面临执行成本急剧增加的企业不受不公平竞争的利益损害"。

根据生态环境部新闻发言人的介绍, 碳关税本质上是一种单边措施, 既不符合世界贸易组织规则, 也与国际气候治理机制中的"共同但有区别的责任"原则、"自下而上"国家自主决定贡献的制度安排相违背。

🔔 **小贴士**

　　2021年3月10日，欧洲议会投票通过关于欧盟碳边境调节机制的决议。该议案称，如果一些与欧盟有贸易往来的国家不能遵守碳排放相关规定，欧盟将对这些国家进口商品征收碳关税。

　　2021年7月14日，欧盟委员会提出应对气候变化的一揽子计划提案，涵盖可再生能源、能源效率、建筑、土地使用和碳排放交易体系等多个领域。根据提案，欧盟拟从2026年开始实施碳边境调节机制，对从碳排放限制相对宽松的国家和地区进口的钢铁、水泥、铝、化肥和电力等商品征税，征税方式为进口商注册并购买CBAM电子凭证，定期申报进口商品碳排放量并缴纳凭证。

41 碳关税对我国可能产生什么影响？

短期内，欧盟征收碳关税会对我国造成一些负面影响。具体体现在：

影响出口企业成本优势

我国外贸对发达国家依赖程度很强，碳关税所针对的高碳产品（如机电产品、钢铁、化工产品、建材等）占中国出口市场的一半以上。征收碳关税将直接导致产品出口成本上涨，高碳企业出口产品在国际市场中的竞争力将被削弱，我国对外出口的商品量和收入都会受到较大影响。

波及出口企业相关的产业链

征收碳关税的直接影响是对高碳企业出口产生巨大冲击，同时间接波及与高碳企业相关的产业链中下游企业，包括能源供应商、大型零售企业、制造业、建筑业、运输业和物流业。

进一步加大国内就业压力

现阶段我国经济结构中工业仍占据较大份额，就业人数众多、转型困难，制造业出口量下降可能带来失业问题。此外，如果制造业产量大幅下降，其上下游产业也可能受到较大影响，能源基础工业、贸易服务业等都可能面临就业压力增大的情况。

长期来看，欧盟征收碳关税将可能倒逼我国部分行业转型升级，推动低碳产业链的延伸扩大。具体体现在：

倒逼外贸企业转型升级

长远来看，征收碳关税将推动我国转变外贸增长方式，调整外贸结构，增加出口产品的技术含量，提高产品附加值，降低资源消耗，加快由劳动密集型产业向资本技术密集型产业的转型步伐，实现可持续的外贸增长。

推动低碳产业链的延伸扩大

碳关税是一种新的贸易壁垒，但同时也是促进我国产业结构调整与升级的外部动力，将为低碳产业链带来新的发展空间。同时，政府节能减排、发展低碳经济的决心将推动我国可再生能源、核能、储能、碳交易等市场及节能环保产业迅速发展，并最终成为世界重要的低碳制成品出口国和低碳技术创新国。

42 制定我国能源电力领域低碳转型政策过程中需要处理好哪些关系？

我国在制定能源低碳转型相关政策过程中需处理好"保供和转型""成效和成本""市场和政府""整体和局部"四方面关系。

"保供"和"转型"的关系

能源系统具有较强的路径依赖性，其低碳转型难以一蹴而就。相关主管部门需要科学设计循序渐进的转型路径和逐步完善的政策手段，既要锚定"碳达峰、碳中和"的整体目标，坚定推进能源电力领域的低碳转型，又要保障各类能源的稳定充足供应，使低碳转型的步调与经济社会发展的需求保持一致。

"成效"和"成本"的关系

能源电力领域的低碳转型离不开先进技术的发展应用和新型商业模式的发掘培育，在一段时间内将带来社会成本的上升。政策设计需要充分考虑到新事物的发展规律，在加快能源转型速度、提高转型成效的同时，根据实际情况制定发展规划，在新技术、新模式的发展初期提供适当的政策支持和引导，避免生产侧和消费侧的成本出现大幅波动。

"有效市场"和"有为政府"的关系

低碳转型中能源系统和电力系统的新增投资运行成本需要得到有效的疏导。相关主管部门需要进一步完善市场机制，建立碳市场、电力市场、绿证市场等与新型电力系统有机配套的大能源市场体系，通过市场化手段配置资源，疏导投资和运行成本。同时，也必须发挥好政策调控作用，在应急保供、资源规划布局等方面，引导建立各方利益共享、风险共担的责任机制。

"整体"和"局部"的关系

"碳达峰、碳中和"目标是一个全国性、整体性目标，但我国各省（区、市）的资源禀赋、产业结构、发展阶段存在较大的差异，政策机制设计要充分考虑各地区发展需要，按省施策。在关键改革措施实施过程中要避免"一刀切"，应该充分给予各地政府、市场主体实践创新空间，要通过低碳转型推动各地产业结构调整，加快适应能源低碳转型的产业结构、生产方式和生活方式。

43 "碳达峰、碳中和"目标下促进煤电转型可能有哪些政策机制?

"碳达峰、碳中和"目标下,需要推动煤电清洁高效转型,逐步转变煤电定位,推动煤电从主体电源向支撑性和调节性电源转变,充分发挥煤电机组在电力保供和提供系统所需调节能力方面的作用。设计促进煤电转型的政策机制时,应主要考虑以下三个方面:

能够体现电力系统低碳转型需求的投资引导机制

在"碳达峰、碳中和"目标下,燃煤发电机组的功能定位和发展前景都发生了变化,电力系统的相关投资行为也需要发生相应改变,以达到促进系统低碳转型、降低资产闲置风险的目的。因此,需要建立适应系统转型需求的投资引导机制,从规划、投资、融资等多维度着手,努力杜绝不必要的新增煤电投资,引导投资向低碳电源建设、存量煤电能效/灵活性技术改造、存量煤电碳捕集设施建设等方面转移。

具备统筹优化功能的有序退出机制

为了推进"碳达峰、碳中和"目标的实现,长期来看煤电的市场份额将逐渐萎缩,为了在煤电行业内实现高效竞争和合理资源配置,部分煤电机组可能需要在完成技术寿命前实现退役。因此,需要建立具备统筹优化功能的有序退出机制,对单个机组的发电效率及排放强度、固定投资回收情况、CCUS加装难度、所在区域电力容量供应情况等多方面因素进行综合考虑和评估,科学确定煤电机组的退出时序。

基于能源领域多市场价格信号的定位转变机制

燃煤发电技术具有出力可靠、调节灵活等优势，一段时间内仍将是电力系统不可或缺的重要电源，需要通过建立完善的多市场机制促进煤电从电量型电源向调节型电源转变。以碳市场和电力市场为例，碳市场可以发现燃煤发电技术的环境成本，让低碳电力逐步有机会实现与煤电同台竞价，一定程度上降低燃煤发电机组的发电量；电力市场可以发现煤电电力调节功能的真实价格，促进燃煤发电机组发挥其调节功能并通过参与辅助服务市场获得合理收益。

44 "碳达峰、碳中和"目标下促进可再生能源发展可能有哪些政策机制？

推动可再生能源快速发展，是构建以新能源为主体的新型电力系统和实现双碳目标的重要举措。随着我国可再生能源上网进入平价时代，需要从以下六个方面考虑促进可再生能源高质量发展的政策机制设计：

技术发展激励机制

基于可再生能源发展基金、核证自愿减排量交易等政策措施建立完整的技术发展激励机制，增加关键技术研发投资，鼓励研究院所和行业主体开展专项研究和先进技术试点示范，推动海上风电、光热发电、可控核聚变等新兴可再生能源技术的发展进步。

财政金融支持机制

支持金融机构对已纳入补贴清单的可再生能项目发放补贴确权贷款，支持符合条件的金融机构提供绿色资产支持创新金融产品方案，解决可再生能源企业资金需求。探索将风电、太阳能发电等纳入基础设施不动产投资信托基金试点范围。加大绿色债券、绿色信贷对新能源项目的支持力度。

用地用海保障机制

保障可再生能源大规模开发利用的合理空间需求，完善可再生能源用地用海空间用途管制规则，保持可再生能源用地用海规划的稳定性；明确复合用地政策，鼓励可再生能源综合开发利用，提高国土空间资源利用效率。

绿色电力消费引导机制

进一步强化可再生能源消纳责任权重考核机制。开展绿色电力交易试点，鼓励市场主体积极参与绿电交易。建立完善的新能源消费认证机制，提升消费新能源等绿色能源的公共意识。

发电量市场化消纳机制

提高配电网接纳分布式新能源的能力，大力推进分布式新能源市场化交易，研究建立支持分布式发电市场化交易的输配电价政策；稳妥推进可再生能源参与市场交易，研究适应可再生能源发电出力特性的中长期、现货市场交易机制，鼓励可再生能源与用户签订长周期的购售电合约。

发展模式创新支持机制

推动新能源和乡村振兴融合发展，大力推动农民利用自有建筑屋顶建设户用光伏电站，创新农民参与新能源开发模式，发展壮大农村集体经济，助力乡村振兴；推广光伏与建筑融合发展理念，在政策上保障光伏建筑合理用地需求；支持工业绿色园区、微网建设，提升工业终端用能电气化水平。

45 "碳达峰、碳中和"目标对电力体制改革提出了哪些新要求?

"碳达峰、碳中和"背景下,电力体制改革应进一步深化,需要在交易体制改革、发用电计划、售电侧改革、电网公平接入、统筹规划等领域多措并举、持续推进。

深化电力交易体制改革

加快推进电力交易市场和碳市场的衔接协同,实现环境成本在电价中的充分传导。完善辅助服务市场建设,提升电网的调节能力,为高比例可再生能源接入提供条件。完善跨省跨区市场交易机制,推进区域电力市场建设,加快构建全国统一电力市场,实现绿色能源在全国范围内的市场化配置。

进一步放开发用电计划

提升需求侧管理水平,在保障电力电量整体平衡的前提下,进一步缩减发用电计划,鼓励绿色电力的发电和消纳。提升发电、用电管理的精细化程度,建设能够适应新型电力系统发展的发用电管理机制。

完善售电侧改革

完善售电主体市场注册与退出机制，积极引导售电主体参与绿色电力交易、碳排放交易。鼓励售电主体向代理用户提供多样化绿电服务套餐。鼓励增量配电网企业引入新技术、发展新模式，为用户提供绿色能源占比更高的能源服务。

推动电网公平接入

优化新能源、分布式电源、新型储能等项目接入公用电网的基本流程和协调机制，持续提升电网对可再生能源的消纳能力。

加强电力统筹规划

进一步优化清洁能源、常规电源与电网布局，加强电力规划与能源统筹规划之间、全国电力规划与地方电力规划之间的有效衔接。统筹考虑地方资源禀赋与环境承载能力，开展规划的资源开发度、环境影响力评估。加强电力规划建设统筹性和科学性，在系统安全性、经济性和绿色消纳之间寻找最佳平衡。

46 "碳达峰、碳中和"背景下的电力市场建设有哪些重点突破方向？

"碳达峰、碳中和"背景下，新能源发电装机占比不断提升，火电逐步由电量主体向容量主体转变，电源结构和系统运行方式发生重大变化；随着全国碳市场启动和逐步完善，发电企业外部环境成本得以内部化，这将直接影响发电企业的投资决策。电源结构优化、系统运行方式改变、发电企业投资决策调整对电力市场建设提出了更高要求。未来，电力市场应重点在推进辅助服务市场建设、探索建立电力容量保障机制、建立绿色电力交易市场、统筹碳市场与电力市场建设方面突破发力。

推进辅助服务市场建设，满足高比例新能源接入对系统实时平衡的要求

创新交易品种，扩大辅助服务提供主体，深化辅助服务市场建设，引导用户承担辅助服务费用。建立健全电力调峰、调频、备用等辅助服务市场机制，完善跨省跨区辅助服务补偿机制。统筹电能量市场与辅助服务市场建设进程，提升资源配置效率。

探索建立电力容量保障机制，激励各类型电源协调健康发展

鼓励各地根据本地供需情况和市场建设基础等条件，采用容量电价、稀缺电价、容量市场等形式，探索市场化的电力容量保障长效机制，促进火电与新能源发电、电储能协调运行和健康发展。

建立绿色电力交易市场，推动新能源参与市场化交易

完善绿色电力交易品种，有序推动绿色能源参与电力市场，通过市场化机制充分释放绿色能源发展潜力。完善可再生能源电力消纳保障机制和绿证交易机制。鼓励新能源企业与用户签订多年中长期购售电合同，以市场化方式保障新能源项目投资建设。

统筹碳市场与电力市场建设，提高市场间的优化配置效率

完善发电权交易品种，建立健全碳市场背景下适应火电运行决策的发电权交易机制。完善电力市场结算方式，通过建立更加精细化的结算机制，实现绿色电力的可追溯与碳排放核算核查的精确化。

47 什么是绿色金融？绿色金融对推动我国能源电力领域碳减排有哪些积极作用？

绿色金融是指为支持环境改善、减少温室气体排放、应对气候变化和资源节约高效利用的经济活动，即对环保、节能、清洁能源、绿色交通、绿色建筑等领域的项目投融资、项目运营、风险管理等所提供的金融服务。

绿色金融政策的实施能够引导资金流向节约资源技术开发和生态环境保护产业，引导企业生产注重绿色环保，引导消费者形成绿色消费理念，避免注重短期利益的过度投机行为。

绿色金融助力我国能源电力领域碳减排主要体现在以下几个方面：

精准识别绿色项目，解决可再生能源项目资金缺口

绿色金融中相关科技手段的引入，能够更好地识别出符合新发展理念的能源电力项目，吸引社会资金投入符合可持续发展标准的绿色项目和绿色企业中，促进清洁能源发展，助力国内产业链转型升级，推动绿色循环经济发展。

推动能源结构调整

绿色金融市场能够使得资金聚集在优势绿色能源企业，实现商品市场、劳动力市场、技术市场以及金融市场的资源有效配置，绿色能源发展的规模经济效益将逐渐显现，长期竞争力优势逐渐增

长。通过绿色金融市场，资源要素的供给也不断的向低污染的新能源行业发展，将有效优化生产要素的供给结构，削减传统能源的过剩产能，促进新兴绿色能源的加速发展，在助力企业和产业链转型升级同时，还能够推动建设数字经济、智能制造、生命健康、新材料等战略性新兴产业，对于我国产业链智能化、低碳化、可持续化发展具有重要意义。

🔔 小贴士

国际上已经实施的针对绿色金融的激励方式主要分为两类。一是在拥有健全碳排放交易市场前提下，对全社会可交易碳排放总量及减排路径拟定一个长期目标，并为社会提供合理碳交易市场均衡价格预期，为市场主体投资提供相应预期指导。二是政府出台相应金融性支持政策，敦促银行对其金融业务进行调整，加强对绿色产业支持，解决金融行业对相关绿色产业投资不足的问题。

四、技术支撑篇

（一） 生产侧技术

48 能源生产环节的主要碳减排技术有哪些？

一次能源中，煤炭、石油和天然气的生产和加工转换环节是主要的二氧化碳来源；二次能源中，电力、热力生产供应环节是主要的二氧化碳来源。以下分别从煤炭、油气生产和加工转化环节，以及电力和热力生产供应环节介绍碳减排技术。

🔔 小贴士

一次能源是指从自然界中取得未经改变或转变而直接利用的能源，如煤炭、石油、天然气、水能、太阳能、风能、地热能、生物质能和海洋温差能等。二次能源指由一次能源加工转换而成的能源产品，如电力、热力、氢能、煤气、煤油、汽油、柴油和液化石油气等。一次能源无论经过几次转换所得到的另一种能源，均属于二次能源。

煤炭生产和加工转化环节 ▶ 包含煤炭绿色开采技术，电气化技术，燃料、原料清洁化技术（如替换为氢，生物质等），与煤共伴生资源综合开发和利用技术，煤炭分级分质梯级利用技术，煤矿开采和煤化工污染物排放控制和治理技术，矿区生态环境治理技术，煤矸石、粉煤灰等大宗固废综合利用技术，CCUS技术，碳排放监测技术等。

油气生产和加工转化环节 ▶ 包含非化石能源（如可再生能源、核能等）制氢、制甲醇技术，生物质液体/气体燃料，电气化技术，燃料、原料清洁化技术（如使用氢，生物质等），更换高排放泵、压缩机密封件、仪表空气系统等甲烷高排放控制技术，安装蒸汽回收装置、排污捕获单元、火炬燃烧等甲烷排放控制技术，蒸汽甲烷重整技术，泄漏检测和修复技术，低能效设备升级替换，CCUS技术，碳排放监测技术等。

电力生产供应环节 ▶ 包含非化石能源发电技术（如风光发电技术、核电技术等），电储能技术，先进燃烧技术，发电机组超低排放与节能技术改造技术，电热汽冷一体化技术，CCUS技术，高效输配电技术，系统灵活性改造技术，能源互联网技术，源网荷储一体化和多能互补技术等。

热力生产供应环节 ▶ 包含热电机组超低排放与节能技术改造技术，供热改造技术，可再生能源供热技术，电供热技术，核电/核供热技术，热泵技术，CCUS技术，低品位余热利用技术，降低回水温度技术，电热汽冷一体化技术，跨季节储热/冷技术，气候补偿技术，分时分区控制技术，管网水力平衡技术，低能效设备升级替换等。

49 新型电力系统对促进我国碳减排有什么作用？它有哪些重要特征？

2021年3月15日，习近平总书记主持召开中央财经委员会第九次会议，研究实现"碳达峰、碳中和"的基本思路和主要举措。会议提出："要构建清洁低碳安全高效的能源体系，控制化石能源总量，着力提高利用效能，实施可再生能源替代行动，深化电力体制改革，构建以新能源为主体的新型电力系统。"

新型电力系统，是以构建清洁低碳、安全高效的现代能源体系为目标，具备"广泛互联、智能互动、灵活柔性、安全可控"功能特性的电力系统。

加快构建新型电力系统，一方面将进一步促进电网互联互通，有效提升电力系统调节能力，有力支撑高比例新能源发电接入；另一方面将推动现代通信技术与电力技术的深度融合，改变传统能源电力配置方式，助力终端电能消费占比提升。电力生产侧和消费侧的转型，将有力促进经济社会全面绿色化发展，助力我国"碳达峰、碳中和"目标实现。

形态特征
- 源网荷融合互动，"大电源、大电网"与"分布式系统"兼容互补

结构特征
- 清洁能源成为主体电源，新能源提供可靠电力支撑

新型电力系统

技术特征
- 系统各环节全面数字化，调控体系高度智能化

结构特征方面，清洁能源成为主体电源，新能源提供可靠电力支撑

预计2035年、2050年，水电、核电、风电、太阳能发电等清洁能源总装机容量分别达到20亿、40亿千瓦左右，装机容量占比分别达到56%、80%左右。新能源装机容量占比不断提高，预计2050年达到60%，其发电量占总发电量比重达到50%左右。新能源发电通过配置储能、提高能量转换效率、提升功率预测水平、智慧化调度运行等手段，成为新型"系统友好型"新能源电站，电力支撑水平大幅提升，容量可信度达到20%以上。

形态特征方面，源网荷融合互动，"大电源、大电网"与"分布式系统"兼容互补

通过市场机制改变传统"源随荷动"模式，逐步实现源网荷深度融合，灵活互动。我国能源资源禀赋与需求逆向分布特点决定了"西电东送、北电南送"的电力资源配置基本格局，未来一个时期，跨省跨区大型输电通道还将进一步增加，"大电源、大电网"仍是我国电力系统的基本形态。与此同时，贴近终端用户的分布式系统将成为保障中心城市重要负荷供电、支撑县域经济高质量发展、服务工业园区绿色发展、解决偏远地区用电等的重要形式，与"大电源、大电网"实现兼容互补。

技术特征方面，系统各环节全面数字化，调控体系高度智能化

电力系统逐步由"自动化"向"数字化""智能化"演进。依托先进量测技术、现代信息通信、大数据和物联网等技术，形成全面覆盖电力系统发输配用全环节、及时高速感知的"神经系统"，基于大规模超算能力，实现物理电力系统的"数字孪生"。利用人工智能技术升级智慧化调控运行体系，打造新一代电力系统的"中枢大脑"。

50 "碳达峰、碳中和"目标下提升电力系统灵活性有哪些主要手段?

从目前的技术手段来看,大规模发展可再生能源是发电行业深入脱碳、助力"碳达峰、碳中和"目标实现的最优选择。但是,风能、太阳能等可再生能源具有较强的间歇性和波动性,要求电力系统具有动态调节范围大、调节速度快的灵活调节资源作为支撑。因此,提升电力系统灵活性,对提高可再生能源开发和利用效率十分关键,对实现"碳达峰、碳中和"目标至关重要。《国家发展改革委 国家能源局关于提升电力系统调节能力的指导意见》(发改能源〔2018〕364号)对提升电力系统调节能力做出了明确要求。

加快推进电源侧调节能力提升 ▶	包括实施火电灵活性提升工程、推进各类灵活调节电源建设、推动新型储能技术发展及应用。
科学优化电网建设 ▶	包括加强电源与电网协调发展、加强电网建设、增强受端电网适应性。
提升电力用户侧灵活性 ▶	包括发展各类灵活性用电负荷、提高电动汽车充电基础设施智能化水平。

| 加强电网调度的灵活性 | ▶ | 包括提高电网调度智能水平、发挥区域电网调节作用、提高跨区通道输送新能源比重。 |

| 提升电力系统调节能力关键技术水平 | ▶ | 包括提高高效智能装备水平、升级能源装备产业体系、加强创新推动新技术应用。 |

| 建立健全支撑体系 | ▶ | 包括完善电力辅助服务补偿（市场）机制、鼓励社会资本参与电力系统调节能力提升工程、加快推进电力市场建设、建立电力系统调节能力提升标准体系。 |

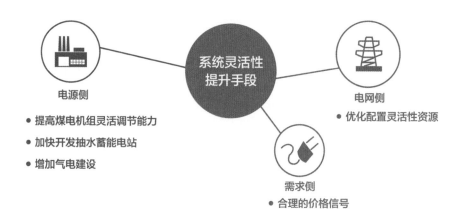

电源侧
- 提高煤电机组灵活调节能力
- 加快开发抽水蓄能电站
- 增加气电建设

系统灵活性提升手段

电网侧
- 优化配置灵活性资源

需求侧
- 合理的价格信号

51 太阳能发电、风力发电对促进碳减排有什么作用？其发展现状和未来潜力如何？

太阳能发电、风力发电能够促使我国减排目标早日实现。太阳能、风能等可再生能源的利用不产生直接温室气体排放，可以提供零碳电力供应，是发电行业清洁能源替代的重要技术选项。现阶段，我国集中式太阳能光伏发电、陆上风电已进入平价上网阶段，已经在推动实现2030年碳达峰目标的过程中发挥了重要作用。而随着技术进步，分布式光伏发电技术、海上风电技术等新兴技术未来将提升我国东部地区的清洁电力生产能力，改善我国清洁能源资源分布与用电负荷分布的不匹配问题，在进一步实现电力系统深度脱碳的过程中也有望起到重要促进作用。

2020年，我国太阳能发电、风力发电装机容量在全国电力装机总量中的占比分别达到12%和13%。2020年，太阳能发电新增装机4925万千瓦，风电新增装机7238万千瓦，装机总规模分别达到25343万、28153万千瓦。2015—2020年，太阳能发电装机容量年均增速为43.2%，风力发电装机容量年均增速为16.6%。

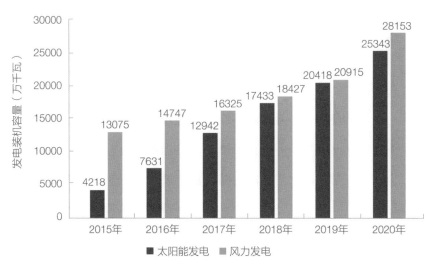

2015—2020年太阳能发电、风力发电装机容量

数据来源:《中国能源发展报告2020》

　　2020年,我国太阳能发电、风力发电量在全国发电总量中的占比分别达到3%和6%。2020年,太阳能发电量为2611亿千瓦时,风力发电量为4665亿千瓦时。2015—2020年,太阳能发电量年均增速达到46.8%,风力发电量年均增速达到20.3%。

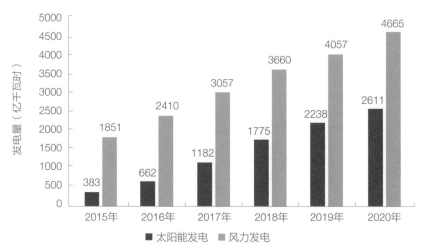

2015—2020年太阳能发电、风力发电量

数据来源:《中国能源发展报告2020》

　　"碳达峰、碳中和"目标下，太阳能发电和风力发电技术的应用有望进一步加快。根据国家能源局在中国可再生能源发展有关情况发布会上的发言，2030年，风电、太阳能发电总装机容量将达12亿千瓦以上，达到2020年总装机容量的2倍以上。根据全球能源互联网发展合作组织的研究，2060年，风电和太阳能发电装机容量分别有望达到38亿千瓦和25亿千瓦，并成为最主要的发电来源。

52 水电对促进碳减排有什么作用？其发展现状和未来潜力如何？

水电是一种可再生的清洁能源，发电过程中不产生直接二氧化碳排放。与风电、太阳能发电相比，水库式水电机组具有一定的出力调节能力，根据水库储水容量的大小可以分为日、周、月度、季度、年度和多年调节电站。因此，水电的应用不仅能够实现直接的碳减排，还可能通过科学的水—电联合调度设计为电力系统提供一定的调节服务，助力其他波动式可再生能源的接入。此外，抽水蓄能式的水电站还能提供蓄能可靠、启动速度快、出力调节灵活的储能服务。

我国水电资源比较丰富。现阶段已经规划了金沙江、雅砻江、大渡河、乌江、长江上游、南盘江红水河、澜沧江干流、黄河上游、黄河中游、湘西、闽浙赣、东北、怒江、雅鲁藏布江等大型水电基地，水电已经成为我国仅次于煤炭的第二大常规能源资源。截至2020年年底，我国水电累计装机容量为37016万千瓦，占全国总装机容量的16.8%；2020年全年，我国水电发电量为13552亿千瓦时，占全国总发电量的17.8%。

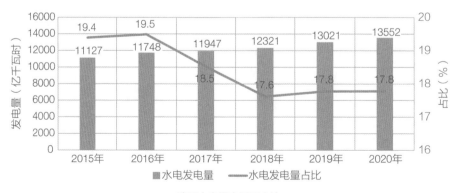

我国水电发电量及占比

数据来源：中电联

目前我国水电装机规模已接近技术可开发总量的一半，后续待开发的水电项目普遍存在开发条件相对较差、不具备经济性优势的特点，因此我国水电开发可能呈现出增速放缓的态势。《中华人民共和国国民经济和社会发展第十四个五年规划和2035年远景目标纲要》中指出，要加快西南水电基地建设，加快抽水蓄能电站建设，并将雅鲁藏布江下游、金沙江上下游、雅砻江、黄河上游和几字湾等列入大型清洁能源基地建设的任务中，但并未明确提出总体的开发规模目标。

53 核电对促进碳减排有什么作用？其发展现状和未来潜力如何？

与风电、太阳能发电相比，核电运行稳定可靠，一般按承担基荷运行，年发电利用小时数可达7000小时以上。核电运行过程不会产生二氧化硫、氮氧化物和颗粒物等污染物，也没有二氧化碳等温室气体排放，不会造成空气污染和温室效应。**作为未来新增非化石能源中颇具竞争力的部分，核电在节能减排中发挥着重要作用。**

根据中国电力企业联合会统计数据，截至2020年年底，我国核电累计装机容量4989万千瓦，占全国总装机容量2.3%；2020年全年，我国核电发电量3662亿千瓦时，占全国总发电量4.8%。2020年核能发电量相当于减少燃烧标准煤10474.19万吨，减少排放二氧化碳27442.38万吨，减少排放二氧化硫89.03万吨，减少排放氮氧化物77.51万吨。

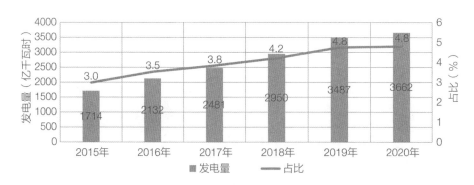

2015—2020年我国核电发电量及占比
数据来源：中国电力企业联合会

"十四五"期间，我国将积极推动沿海核电建设，核电运行装机容量将达7000万千瓦。《中华人民共和国国民经济和社会发展第十四个五年规划和2035年远景目标纲要》指出，安全稳妥推动沿海核电建设，建成华龙一号、国和一号、高温气冷堆示范工程，积极有序推进沿海三代核电建设。推动模块式小型堆、60万千瓦级商用高温气冷堆、海上浮动式核动力平台等先进堆型示范。建设核电站中低放废物处置场，建设乏燃料后处理厂。开展山东海阳等核能综合利用示范。

54 储能对促进碳减排有什么作用？其发展现状和未来潜力如何？

储能在电力系统电源、电网、用户侧均可发挥重要作用，能够有效平滑新能源出力波动、提升电网灵活调节能力、优化负荷曲线，在支撑高比例新能源接入、推动新业态发展方面扮演不可或缺的角色，对推动碳减排、助力我国实现"碳达峰、碳中和"目标具有重要战略意义。

在电源测，储能通过与新能源发电联合运行，可以平滑新能源出力波动，支撑大规模新能源发电可靠并网。在电网侧，储能可为电网提供调峰、调频、调压、备用等多种服务，起到优化电网潮流分布、改善电能质量、提升电网灵活调节能力的作用，满足高比例新能源接入下系统灵活调节及稳定运行的需求。在用户侧，储能可以与分布式电源、微电网、电动汽车充电站等进行融合，有效改善用户负荷曲线，推动用户侧新业态蓬勃发展。

现阶段我国储能呈现多元化发展良好态势。截至2019年年底，我国已投运储能项目32.4吉瓦。当前我国储能已经形成较为完整产业体系，技术规范和标准相对完善，可推广商业模式正处于积极探索阶段，储能支撑能源转型的关键作用已初步显现。

随着技术不断发展，储能成本将快速下降，实现在源、网、荷多维度规模化应用。以电化学储能为例，根据阳光电源的统计和研究，2020年成本已降至1500元/千瓦（按1小时容量计算），循环寿命达6000次。预计到2025年将降至1000元/千瓦以下，循环寿命达10000次，扣除充放电损耗和折旧，度电成本将低于0.15元。

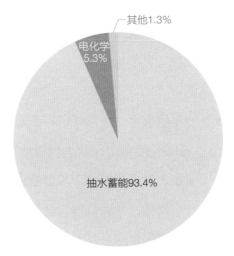

2019年储能装机情况

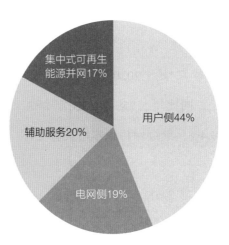

2019年新增储能分布情况

数据来源：前瞻产业研究院《中国储能市场现状及发展趋势分析》；格菲资本研究《储能爆发——碳中和进程的必经之路》

55 生物质能对促进我国碳减排有什么作用？其发展现状和未来潜力如何？

生物质能是一种零碳能源，兼具经济、生态与社会等综合效益。生物质燃烧排放的二氧化碳均是之前从大气吸收的，在生物利用和再生碳循环中，不会产生净二氧化碳释放，对温室效应影响较小。同时，大力发展生物质燃料，可使秸秆、蔗渣等农林废弃物得到利用，推动循环经济发展。此外，生物质燃料产业作为构建农村低碳能源体系的重要途径，在推动农业绿色发展转型、促进农村劳动力就业、解决农村环境污染方面均具有重要意义。

我国生物质能的应用规模稳步扩大，主要利用方式包括生物质燃烧发电供热、制取生物质气体燃料（沼气等）、生产生物质液体燃料（生物乙醇、生物柴油等）。截至2020年年底，全国生物质发电项目累计并网容量2952万千瓦，同比增长25%；2020年全国生物质发电量1326亿千瓦时，同比增长19.4%，继续保持稳步增长势头。

2012—2020年我国生物质能发电装机容量及增长率

数据来源：水电水利规划设计总院，国家能源局

我国生物质资源丰富，主要包括农业废弃物、林业废弃物、生活垃圾、畜禽粪便、有机废水和废渣、能源作物等，根据水利水电规划设计总院的研究，每年可利用的生物质资源总量约相当于4.6亿吨标准煤。

56 氢能对促进碳减排有什么作用？其发展现状和未来潜力如何？

氢能是一种清洁、零碳、高效的二次能源，在能源系统中具有丰富的应用场景，有望成为实现"碳达峰、碳中和"目标的关键性支撑能源之一。氢能燃烧不产生温室气体排放，可以作为零碳能源替代化石能源，保障能源的充足供应。尤其对于重型运输、部分高耗能工业等难以电气化的能源需求，氢能应用对其实现能源消费低碳化的作用更加凸显。此外，电解水制氢技术具有快速响应的特点，在大规模波动性可再生能源接入情景下，可作为很好的调峰和需求侧响应资源，促进电网安全稳定运行。

近年来，我国氢能行业产能快速扩张，氢能产业链逐步完善。我国已成为全球第一大产氢国，2019年产量达到2000万吨左右。在应用场景方面，2019年我国氢能源汽车产销分别完成2833、2737辆，同比分别增长85.5%、79.2%，销量达到2015年的272.7倍。从整体布局来看，国内已经形成京津冀、华东、华南以及华中四个区域性产业集群，覆盖了制氢、储运及应用等领域。

得益于氢能的清洁低碳特性和其技术的快速进步，未来我国氢能的发展潜力十分可观。根据《中国氢能源与燃料电池产业白皮书》，碳中和目标下，氢能将在我国工业、交通、建筑领域得到广泛应用，2060年氢气的年需求量将增加至1.3亿吨左右，在终端能源消费总量中的占比达到20%。届时，可再生能源制氢技术将成为氢能供给的主要来源。

（二） 消费侧技术

57 能源消费部门的主要碳减排技术有哪些?

目前能源消费部门的主要碳减排技术包括节能、替代、碳移除三类。据测算，2010—2019年，我国单位GDP碳排放强度下降14%，其中节能贡献5%，替代贡献9%；我国电力生产碳强度下降22%，其中节能贡献8%，替代贡献14%。碳移除技术目前还没有大规模应用。

交通部门

节能　公共交通、高效交通工具

替代　电动汽车、燃料电池汽车、生物燃料汽车

碳移除　目前比较缺乏

工业部门

节能　先进生产技术

替代　电能替代、生物质能替代、氢能替代

碳移除　碳捕集及封存技术

建筑部门

节能　已有建筑节能改造、光伏建筑一体化、需求侧智能管理

替代　电热、太阳能热技术

碳移除　目前比较缺乏

主要能源消费部门的减排技术

58 电动汽车对促进碳减排有什么作用？其发展现状和未来潜力如何？

电动汽车是指以车载电源为动力，用电机驱动车轮行驶，符合道路交通、安全法规各项要求的车辆。电动汽车在推进终端电气化、提升电力系统灵活性方面具有重要作用。大力发展电动汽车，可以降低交通领域石油消费量，直接减少交通领域碳排放；大量电动汽车有序充电，可作为负荷侧灵活性调节资源参与电力平衡调节，提升电力系统灵活性，支撑高比例新能源接入电网。

经过多年培育，我国电动汽车产业体系日趋完善，企业竞争力大幅增强，销量逐步提升。2020年，我国电动汽车产量136.6万辆，同比增长7.5%；销售量136.7万辆，同比增长10.9%。其中纯电动汽车产销分别完成110.5万、111.5万辆，同比分别增长5.4%、11.6%；插电式混合动力汽车产销分别完成26万、25.1万辆，同比分别增长18.5%、8.4%；燃料电池汽车产销均完成0.1万辆，同比分别下降57.5%、56.8%。

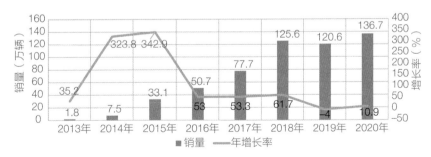

2013—2020年我国电动汽车销量及其增长率变化

来源：中国汽车工业协会

截至2021年6月底，我国纯电动汽车保有量493万辆。根据中国电动汽车百人会的研究，预计2030年前后，我国电动汽车保有量将达8000万辆。

59 光伏建筑一体化对促进碳减排有什么作用？其发展现状和未来潜力如何？

光伏建筑一体化是指将光伏发电产品集成到建筑上的技术，对居民和商业建筑低碳能源转型有重要作用，有助于在建筑用能领域实现"碳达峰、碳中和"。光伏建筑一体化组件可作为建筑材料，直接用于建造屋顶、幕墙、遮阳棚等构件，如果能够得到推广，居民和商业建筑有望进一步扩展电力自发自用的技术选项，将对提升建筑领域电气化程度和绿色用电比例起到显著促进作用。

我国光伏建筑一体化产业在2010年前后起步，但受到成本、技术等因素制约，发展规模一直较小，2011年和2018年累计装机容量分别仅为53.56万千瓦和110万千瓦。

近年来，随着光伏技术发展，光伏建筑一体化也受到了广泛关注，新发展机遇逐步显现。北京、南京等多个城市纷纷出台支持光伏建筑一体化发展的配套政策，在补贴及并网等方面给予大力支持。其中，北京市于2020年发布《关于进一步支持光伏发电系统推广应用的通知》（京发改规〔2020〕6号）。文件规定，全部实现光伏建筑一体化应用（光伏组件作为建筑构件）的项目，补贴标准为每千瓦时0.4元（含税），补贴时间为5年。

随着光伏发电效率持续改善和组件成本降低，光伏建筑一体化项目经济性也随之提高，未来发展潜力较为可观。根据申港证券测算，如果只考虑工商业及公共建筑，2025年新增建筑和存量建筑的光伏建筑一体化装机容量有望分别达到970～1250万千瓦和1430～1870万千瓦，2030年装机容量有望分别达到1930～2450万千瓦和4410～5580万千瓦。

60 电能替代对促进碳减排有什么作用？其发展现状和未来潜力如何？

电能替代是指在终端能源消费环节，使用电能替代散烧煤、燃油的能源消费方式。电能替代包括电采暖、地能热泵、工业电锅炉（窑炉）、农业电排灌、电动汽车、靠港船舶使用岸电、机场桥载设备、电蓄能调峰等具体实现方式。

大力实施电能替代，有助于提升终端电能消费占比，提升社会能效，降低碳排放，推动科学实现"碳达峰、碳中和"目标。实施电能替代有助于提升可再生能源在一次能源供应中占比，实现能源供应清洁化；实施电能替代能够减少终端化石能源消费，有效降低终端用能部门的直接碳排放；电能终端利用效率通常在90%以上，可以有效转化为各种能源，实施电能替代有助于实现能源高效转型；发电行业集中度高，对发电效率、碳排放强度等相关指标的监管手段易于实施，碳捕集等技术应用也存在空间，实施电能替代有助于实现行业整体监测和管理，推动降低整个能源系统碳排放。

2016年5月，国家发展改革委、国家能源局等八部委联合印发《关于推进电能替代的指导意见》（发改能源〔2016〕1054号），提出大力推进电能替代，推动能源消费革命，落实国家能源战略，促进能源清洁化发展。2020年全年，国家电网有限公司经营区域实施电能替代项目8.7万个，替代电量1938亿千瓦时；南方电网有限责任公司经营区域实施电能替代项目1.6万个，替代电量314亿千瓦时。根据《国家电网有限公司"碳达峰、碳中和"行动方案》，"十四五"期间，预计国家电网有限公司经营区域电能替代电量有望达到6000亿千瓦时。

61 节能工作与"碳达峰、碳中和"目标有何关联？政府部门如何推动节能工作的开展？

降低能源相关二氧化碳排放是实现"碳达峰、碳中和"目标的关键举措之一，可以从降低能源消费总量、降低单位能源消费碳排放强度两方面着手。而节能就是"降低能源消费总量"的重要抓手，节能工作的推广可以有效避免能源的浪费，促进能源相关碳排放的降低。

政府部门可从以下四方面推动节能工作的开展：

持续推动产业结构优化调整

引导存量产业节能低碳转型，深化供给侧结构性改革，推进高耗能产业减量置换，同时提高增量产业能耗标准，鼓励高能效、低排放产业快速发展。从总体上促进经济产业结构低碳化调整优化，深度挖掘全产业节能空间，助力"碳达峰、碳中和"目标持续推进。

加大新技术新业态扶持力度

强化科技创新的引领作用，进一步推进节能领域新技术、新业态示范建设，创新新技术商业推广模式，为各领域节能增效提供坚实的技术支撑。

进一步深化能源领域体制改革

在当前改革基础上，加快电力、热力、天然气等能源领域的体制改革，完善市场建设，促进多市场协调衔接与融合发展。健全能源市场价格机制，推动污染物、温室气体排放等外部成本内部化，通过政策引导与市场配置相结合的方式，提高企业主动节能的积极性。

健全政府监管机制

完善政府考核评价制度，强化节能高效、低碳环保等因素在企业考核评价中的权重。强化政府主导，加快推进建筑、能源基础设施等重点用能领域能源效率标准建设，切实提高能源利用效率，提升重点领域能效水平。

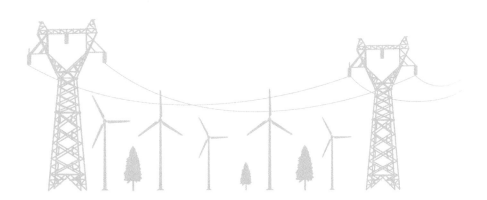

（三） 碳汇

62 什么是碳汇？哪些碳汇手段与能源电力领域密切相关？

《联合国气候变化框架公约》对"碳汇"定义为：从大气中清除温室气体、气溶胶或温室气体前体的任何过程、活动或机制。

小贴士

温室气体是指大气中吸收和重新放出红外辐射的自然和人为的气态成分，包括二氧化碳（CO_2）、甲烷（CH_4）、氧化亚氮（N_2O）、氢氟碳化物（HFCs）、全氟化碳（PFCs）、六氟化硫（SF_6）和三氟化氮（NF_3）。气溶胶是指悬浮在气体介质中的固态或液态颗粒所组成的气态分散系统。

目前碳汇手段主要包括绿色碳汇、蓝色碳汇、通过碳捕集技术产生碳汇三种。

绿色碳汇，又叫陆地碳汇，是指通过植树造林、森林管理、植被恢复等措施，利用植物光合作用吸收大气中的二氧化碳，并将其固定在植被和土壤中的过程、活动和机制。目前，应用最多的陆地碳汇是林业碳汇，这也是最常规的碳汇手段。

蓝色碳汇，也叫海洋碳汇，是指利用海洋生物吸收大气中的二氧化碳，并将其固定在海洋中的过程、活动和机制。蓝色碳汇是地球上最大的长期碳汇，对于减缓气候变化至关重要。海洋吸收了工业革命以来由人类活动导致碳排放总量的三分之一。惰性溶解有机碳是一种在海洋中特有的长期固碳形式，主要由海洋微生物碳泵产生。

🔔 **小贴士**

惰性溶解有机碳是海洋中一种重要的固碳形式，固碳量大，储存时间长。现阶段固碳量占海洋有机碳量总量的90%以上，其规模可与大气二氧化碳的总量相当，而且其储存时间可达4000～6000年，是一个稳定且规模巨大的碳汇库。

惰性溶解有机碳主要有两种形成方式，一是海洋表层浮游生物从大气中吸收的颗粒有机碳在沉降过程中被海洋微生物转化为惰性溶解有机碳，二是海洋微生物自己将海洋中的碳转化为惰性溶解有机碳。

通过碳捕集与封存技术也能形成碳汇，这种技术将大型发电厂或生产工厂所产生的二氧化碳收集起来，并用各种方法储存以避免其排放到大气中。除此之外，也有直接从空气中捕集二氧化碳的集中空气捕集技术，但由于成本高昂等原因目前应用并不广泛。

上述三种碳汇手段中，**碳捕集技术可以直接应用在能源电力领域，降低该领域的二氧化碳排放量，且具备可推广复制、迅速扩大碳中和能力的特点。**绿色碳汇和蓝色碳汇并不能直接作用于能源电力领域的具体环节，只是通过产生负排放的方式，对能源电力领域的碳排放起到中和作用。

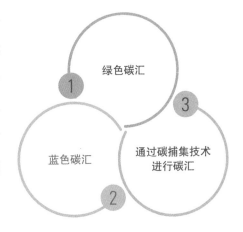

63 我国林业碳汇总量及未来开发潜力为多少？我国大规模发展林业碳汇项目面临哪些制约因素？

从亚洲地区来看，IPCC《1.5度温升特别报告》数据显示，亚洲碳汇潜力总量存在不确定性，不同团队的预估结果在4.2亿～25.1亿吨二氧化碳当量/年。

从国内情况看，国家气候变化信息通报数据显示，2005、2010和2014年，我国林业碳汇分别为7.66亿、9.93亿、11.15亿吨二氧化碳当量。

关于我国林业碳汇潜力，清华大学气候变化与可持续发展研究院在《中国低碳发展战略与转型路径研究》项目成果介绍中提出：1.5℃目标导向下，我国林业碳汇发展潜力为7.2亿～9.1亿吨二氧化碳当量/年。

碳中和目标下，发展林业碳汇将为各领域碳减排提供重要补充。然而，就近几年的发展情况来看，我国林业碳汇项目的大规模开发还面临诸多制约因素。

一是林地资源存在流失现象。有研究表明，目前林地面积流失呈扩大趋势。虽然林地总面积也在不断扩大，但同时也有许多土地由林业用地转为非林地，逐渐被征用为农耕用地、居住用地、物流仓储用地、交通设施用地等，对林业碳汇的发展形成刚性约束。

二是缺乏林业碳汇项目开发咨询的技术人才队伍和中介机构。林业碳汇项目方法学比其他专业领域的方法学复杂。林业行业的从业人员往往不熟悉方法学的特殊规定，国内缺少真正掌握林业碳汇项目方法学和项目咨询开发的复合型人才。同时，碳汇交易中介机构的缺失也在很大程度上影响林业碳汇交易的开展。

三是项目业主短期内较难获得碳汇交易收益。林木是按自然规律逐渐生长的，碳汇量是随着林木生长而逐渐积累的。因此，林业碳汇项目减排量核查期或签发期都比其他领域减排项目长，项目业主获取收益的时间周期也比较长，这势必影响业主开发林业碳汇项目的积极性。

四是金融支持体系不健全。林业碳汇项目具有初期投入资金多、资金回收周期长、风险不可控等特征，仅仅依靠单一的融资模式难以支撑长远发展，需要积极引导社会各方资金投入。由于缺少相应的金融支持和保险产品，现阶段开发碳汇项目的风险大多由项目开发者自行承担，金融体系的支持作用尚未充分发挥。

五是林业碳汇项目方法学要求严格，用于碳汇项目的林地资源有限。我国当前已发布的CCER林业碳汇项目方法学对适用条件有严格要求。如造林碳汇项目及竹子造林碳汇项目其土地必须是2005年2月16日以来的无林地，森林经营碳汇项目的林地必须是符合我国森林标准的乔木林地且必须是人工林的中幼龄林。仅土地合格性要求这一条，就决定了我国可用于碳汇项目的林地资源十分有限。

六是林业碳汇产权不清晰。我国实施林改后，农户成为林权的主要所有者。然而，由于各种原因，目前仍存在一些林木产权不明的情况。林业碳汇产权是包含在林木产权范围内的，产权归属不明，会导致后续交易双方签订的合约易发生利益纠纷，存在法律风险。

64 什么是CCUS? CCUS在电力和油气行业的典型应用场景有哪些?

碳捕获、利用与封存(Carbon Capture, Utilization and Storage, CCUS)是指将生产过程中排放的二氧化碳提纯,继而投入到新的生产过程循环再利用或封存的技术。CCUS技术由碳捕集、碳封存和利用三部分组成。

碳捕集技术目前大体分为三种:燃烧前捕集、燃烧后捕集和富氧燃烧捕集。 燃烧前捕集主要是在燃料煤燃烧前,先将煤气化得到一氧化碳和氢气,然后把一氧化碳转化为二氧化碳,再通过分离得到二氧化碳。燃烧后捕集是将燃料煤燃烧后产生的烟气分离,得到二氧化碳。富氧燃烧捕集是将氮气和二氧化碳从空气中分离出来,得到高浓度氧气,再将燃料煤充分燃烧后,捕获二氧化碳。

碳封存是指将捕集到的二氧化碳运输到封存点进行集中封存的过程。 二氧化碳运输存在公路、铁路、管道和船舶等多种方式,其中管道运输适用于大批量二氧化碳运送,经济性较好。封存二氧化碳,一般要求注入距离地面至少800米的合适地下岩层,在这样深度下压力才能将二氧化碳转换成"超临界流体",且不易泄漏;也可注入废弃煤层和天然气、石油储层等,达到埋存二氧化碳和提高油气采收率的双重目的。

碳利用指的是对二氧化碳进行资源化利用,在地质、化工、生物等领域都有其应用场景。地质利用指的是将二氧化碳注入天然气及石油等资源储层的过程,可实现强化资源开采的目的。化工利用指的是将二氧化碳和共反应物通过化学反应转化为合成产物的过程,可合成无机碳酸盐、可降解塑料等产品。生物利用指的是以二氧化碳为原料制作肥料用于生物质合成,可生产尿素、二氧化碳气肥等产品。

  CCUS技术是目前唯一能够实现传统化石能源行业深度碳减排的技术，现阶段的典型应用场景有在火力发电的碳捕集和油气行业的碳利用。一是通过在火力发电厂加装碳捕集等相关设备，可以将燃料燃烧过程中产生的二氧化碳进行富集和捕捉，直接降低发电碳排放强度。在火力发电行业，三种碳捕集技术都有其丰富的应用场景，燃烧前捕集可以用于整体煤气化联合循环发电系统中，富氧燃烧可以用于传统火电机组，燃烧后捕集则可以应用于现阶段所有的火电机组中。二是可以将捕集后的二氧化碳注入地下油层，实现二氧化碳的稳定封存，还可以提高油气的采收率。

65 我国CCUS发展现状和未来潜力如何？面临的主要问题是什么？

截至2020年年底，我国已建成且在运行的CCUS项目共21个，年封存量约170万吨。除中石油吉林油田—长岭天然气厂项目外，其他项目的设计捕集规模都少于40万吨/年，且大部分低于10万吨/年。所有项目均属于试点项目，CCUS技术距离商业化应用仍有一定距离。

我国在运CCUS项目

序号	项目名称	投运年份	设计捕集能力（万吨/年）	位置	二氧化碳来源
1	华能北京高碑店电厂项目	2007年	0.3	北京	热电厂
2	华能石洞口项目	2009年	12	上海	燃煤电厂
3	神华鄂尔多斯CTL项目	2010年	10	内蒙古鄂尔多斯	煤制油
4	中电投重庆双槐电厂项目	2010年	1	重庆	燃煤电厂
5	胜利油田项目	2010年	10	山东东营	燃煤电厂
6	连云港清洁煤能源动力系统研究设施	2012年	3	连云港	燃煤电厂
7	天津北塘电厂项目	2012年	10	天津	燃煤电厂
8	大唐集团北京高井热电厂项目	2012年	0.2	北京	热电厂
9	延长石油陕北煤化工项目	2014年	5	陕西延长	炼化厂
10	华中科技大学35兆瓦富氧燃烧项目	2014年	10	湖北应城	燃煤电厂
11	新疆敦煌石油—克拉玛依甲醇厂项目	2015年	6	新疆克拉玛依	甲醇厂
12	中石化中原油田项目	2015年	10	河南濮阳	炼化厂

续表

序号	项目名称	投运年份	设计捕集能力（万吨/年）	位置	二氧化碳来源
13	大庆油田—徐深九天然气厂项目	2015年	20	黑龙江大庆	天然气厂
14	华能天津整体煤气化联合循环发电项目	2016年	10	天津	燃煤电厂
15	中石化齐鲁化工项目	2017年	40	山东淄博	化肥厂
16	神华锦界项目	2018年	15	陕西榆林	燃煤电厂
17	中石油吉林油田—长岭天然气厂项目	2018年	60	吉林	天然气厂
18	台湾水泥项目	2018年	0.5	台湾	水泥厂
19	海螺集团—白马山水泥厂项目	2018年	5	安徽白马山	水泥厂
20	华润海丰碳捕集测试平台	2019年	2	广东汕尾	燃煤电厂
21	华东油田—江苏华扬液碳项目	2020年	10	江苏南京	二氧化碳液化厂

　　CCUS有望在2030年后成为我国能源低碳转型的重要技术保障。《中国碳捕集利用与封存技术发展路线图（2019）》指出，到2030、2040、2050年，二氧化碳利用封存量的发展目标分别约为5000万、27000万、97000万吨二氧化碳/年，产值的发展目标分别约为600亿、1800亿、3300亿元/年；2050年碳捕集量近10亿吨二氧化碳当量。

CCUS发展趋势和目标

项目	2025 年	2030 年	2035 年	2040 年	2050 年
技术要求	掌握现有技术的设计建造能力	掌握现有技术产业化能力，验证新型技术的可行性	掌握新型技术的产业化能力	掌握 CCUS 项目集群的产业化能力	实现 CCUS 的广泛部署
二氧化碳利用封存量（万吨二氧化碳/年）	2000	5000	10000	27000	97000

  CCUS发展主要面临以下问题：一是成本较高、资金需求量大，在现有技术下，安装碳捕集装置，将带来额外资本投入和运维成本，罐车运输和管网运输投入也比较大。二是技术安全性不足，CCUS捕集的是高浓度和高压下液态二氧化碳，如果在运输、注入和封存过程中发生泄漏，将对事故附近生态环境造成影响，严重时甚至危害到人身安全。三是政策法律不明晰，目前没有相应法律法规明确CCUS各参与方责任，国家也并没有针对CCUS发展提出具体财税政策支持。法律法规的真空对企业意味着财务和声誉上的多重风险，直接阻碍了企业参与CCUS项目积极性。此外，我国CCUS各类技术虽然都开展了试验示范，但还缺少全流程一体、更大规模可复制、经济效益明显的集成示范项目，封存环节的地质勘查也是CCUS技术发展一大不确定性。

五、市场交易篇

（一） 全球碳市场

66 碳排放权交易市场如何促进碳减排？

目前世界各区域碳排放权交易市场（以下简称"碳市场"）从法理上主要分为**强制市场和自愿市场**两类。强制市场中，碳排放总量限额是强制的，即对重点控排企业采用强制履约机制。自愿市场中，碳排放总量是自愿控制的，即部分非控排企业或个人主动参与交易。

强制市场主要通过控制排放总量、核算各企业配额和执行履约及奖惩措施的方式实现减排。在碳交易的强制配额市场模式下，通过立法或其他有约束力的形式，对一定范围内的排放者设定温室气体排放总量上限，排放总量分解成排放配额（代表碳排放权），依据一定原则和方式（免费分配或有偿分配）分配给排放者。为了避免超额排放带来的经济处罚，那些排放配额不足的企业就需要向那些拥有多余配额的企业购买排放权，从而产生以碳排放权为主要标的物的市场交易。

强制市场
碳排放权总量限额是强制的，主要通过控制排放总量、核算各企业配额和执行履约及奖惩措施的方式实现减排。

碳排放权交易市场

自愿市场
碳排放总量是自愿控制的，主要通过企业或个人主动购买配额实现减排。

自愿市场主要通过企业或个人主动购买配额实现减排。在碳交易的自由减排量市场模式下，基于社会责任、品牌建设、对未来环保政策变动等考虑，一些企业通过内部协议，相互约定温室气体排放量，并通过配额交易调节余缺，以达到协议要求。有些个人也会出于个人责任感购买碳补偿来抵消他们所产生的碳排放。

🔔 **小贴士**

科斯定理为碳市场促进减排的制度机理设计提供了理论基础。科斯定理表明，只要排放量的初始产权界定清晰，并允许排放权在市场上进行流通，就可以实现排放权资源的有效配置，达到帕累托最优。通过为排放单位确立配额、设立碳市场进行配额交易，温室气体排放产生的环境外部性将被有效内部化，各市场主体为了降低自己的生产成本、从配额交易中获利会主动开展碳减排行为。

环境外部性：当生产者提供商品或服务时，附带地造成第三方损害，而无需给予其补偿，就会产生负的外部性，无法实现社会资源帕累托最优。

二氧化碳排放的环境外部性：由于二氧化碳为公共产品，具有非竞争性和非排他性的特点，个体的二氧化碳排放可能带来全球范围内的气温升高，给其他个体造成影响，因此，二氧化碳排放将带来环境外部性。

67 全球主要的碳市场有哪些?

截至2021年1月31日,全球共有24个碳市场已正式运行。这24个碳市场所覆盖地区的温室气体排放量占全球总量的16%,GDP占全球总量的54%,人口占全球总量将近1/3。

此外,有**8**个碳市场处于计划实施阶段,预计将在未来几年内启动运行,包括美国宾夕法尼亚州、乌克兰、俄罗斯库页岛、黑山、越南、印度尼西亚和哥伦比亚的碳市场,以及美国东北部的交通和气候倡议计划。还有**14**个司法管辖区在考虑碳市场这一政策工具在其气候变化政策组合中所能发挥的作用,包括芬兰、土耳其、巴基斯坦、中国台湾、日本、泰国、菲律宾、巴西和智利,以及美国的纽约市、北卡罗来纳州、新墨西哥州、华盛顿州和俄勒冈州。

2021年全球正在实施的碳市场状况

碳排放交易体系	说明
区域温室气体倡议(RGGI)	包含美国康涅狄格州、特拉华州、缅因州、马里兰州、马萨诸塞州、新罕布什尔州、纽约州、新泽西州、罗得岛州、佛蒙特州、弗吉尼亚州
欧盟	2021年启动第四阶段,年减排目标大幅提升,实施有关免费分配、拍卖、监测报告核查(MRV)和欧盟注册登记系统的新规定,并启动创新基金。包含欧盟成员国和冰岛、列支敦士登、挪威
瑞士	欧盟和瑞士碳市场的登记系统之间的临时连接于2020年9月启动,允许在特定日期进行配额转移

续表

碳排放交易体系	说明
德国	德国在 2021 年启动了覆盖供暖与运输燃料行业的全国碳市场，作为对欧盟碳市场的补充。该体系初期采用固定价格，且碳价将每年上涨
英国	英国在脱离欧盟碳市场后，于 2021 年启动了自己的国内碳市场，其设计要素与欧盟碳市场第四阶段的设计基本一致
日本东京	2020 年 4 月进入第三个履约期
日本埼玉县	2020 年 4 月进入第三个履约期
中国试点地区	包含北京市、重庆市、福建省、广东省、湖北省、上海市、深圳市、天津市
中国	我国于 2021 年启动全国发电行业碳市场的首个履约期，从覆盖的排放量来看，将成为全球最大的碳市场
韩国	韩国碳市场第三个交易阶段将于 2021 年 7 月开始，覆盖范围和拍卖规模都将扩大，并且将引入金融中介机构提高市场流动性
哈萨克斯坦	哈萨克斯坦碳市场 2021 年进入第四阶段
新西兰	2021—2025 年的新立法框架首次对新西兰碳市场设定绝对排放限额
美国加利福尼亚州	关于加利福尼亚州碳市场立法的修正案于 2021 年 1 月生效
美国马萨诸塞州	2020 年马萨诸塞州碳市场拍卖的配额份额有所增加，并计划到 2021 年实现 100% 的配额拍卖
加拿大魁北克省	魁北克省在 2020 年通过了环境立法的修正案，这对其碳交易总量控制与交易体系也产生了一定的影响
加拿大新斯科舍省	2020 年 6 月举行了首次拍卖会，所有提供的配额均被成功售出
墨西哥	2021 年初进行了首次配额分配

　　截至2020年年底，全球各碳市场已通过拍卖配额筹集超过1030亿美元资金。欧盟、魁北克省和区域温室气体倡议（RGGI）碳市场的拍卖比例（指通过拍卖为政府带来收入的配额数量在2020年总配额中的占比）均超过了50%。

2020年部分碳市场碳配额拍卖情况

碳排放交易体系	拍卖金额（亿美元）	配额价格（美元）	拍卖比例（%）	覆盖范围（%）	说明
加拿大魁北克省	5.144	17.04	67	78	2013 年以来筹集 34.85 亿美元
区域温室气体倡议（RGGI）	4.163	7.06	100	10	2009 年以来筹集 37.75 亿美元
美国加利福尼亚州	16.993	17.04	32	75	2013 年以来筹集 142.38 亿美元
美国马萨诸塞州	—	—	—	—	2018 年以来筹集 2700 万美元
欧盟	217.696	28.28	57	40	2009 年以来筹集 807.37 亿美元
瑞士	0.078	28.28	17	10	2013 年以来筹集 4500 万美元联邦预算
韩国	2.104	27.62	3	74	2019 年以来筹集 5.09 亿美元

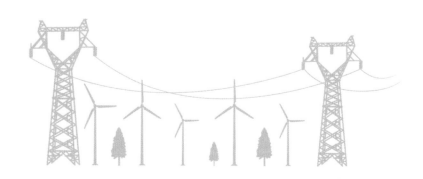

68 全球主要碳市场覆盖哪些行业？覆盖范围有多少？

2020年，全球主要几个碳市场覆盖范围包括电力、工业、建筑、交通和国内航空等领域。

2020年，全球主要几个碳市场的覆盖范围（碳市场覆盖的排放占该司法管辖区总体排放的比例）差异较大，分布在10%～78%之间。加拿大魁北克省、美国加利福尼亚州、韩国碳市场覆盖范围均超过了70%。

全球主要碳市场覆盖行业及范围

碳排放交易体系	覆盖行业	碳排放量（亿吨二氧化碳）	覆盖范围（%）
加拿大魁北克省	电力、工业、建筑、交通	0.547	78
区域温室气体倡议（RGGI）	电力	0.874	10
美国加利福尼亚州	电力、工业、建筑、交通	3.342	75
美国马萨诸塞州	电力	0.085	11
欧盟	电力、工业、航空	18.16	39
瑞士	电力、工业、航空	0.062	10
韩国	电力、工业、建筑、交通、航空、废弃物	5.48	74

注 表中数据均为2020年数据。

69 目前全球范围内各地区碳市场之间难以实现交互和统一的主要原因有哪些？

由于各国在政治、经济、科学、技术等方面均存在多方博弈，全球各地区碳市场之间的交互和统一面临许多挑战和不确定性，具体体现在以下三方面：

▶ 全球各碳市场存在相互分割情况

国际碳交易市场大都以国家和地区为基础发展而来，不同国家和地区在相关制度安排上存在很大差异，导致不同市场之间难以进行直接跨市场交易，形成了国际碳交易市场高度分割的现状，使得国际碳交易无法绕开跨国项目报批、技术认证、项目注册与排放量核实等问题，增大了跨国碳交易的成本。

▶ 全球各碳市场政策存在不确定性

部分国家将履行碳减排承诺与本国经济发展情况挂钩，将碳市场作为国际博弈的工具，片面地认为减排给本国经济带来损失。以上观念极大影响当地政府对碳市场的参与度、支持度，导致政府在进行政策制定时主要考虑对本国发展的影响，一旦发现不利于本国经济发展的情况，就可能进行碳市场政策调整。

▶ **不同地区间存在明显的利益公平分歧**

一个国家总体上的碳减排目标牵涉历史累积排放、经济发展水平、产业结构、国际竞争力等多方面因素，国际上对不同地区间的减排责任分配一直存在较大分歧。此外，在国际碳市场中，由于各国在碳市场中所处的地位、角色不同，市场交易又涉及多方面的经济利益，使得各国之间利益分配进一步复杂化。

（二） 我国碳市场发展历程

70 我国碳市场发展经历了哪些阶段？

从2011年决定建立试点碳市场，我国碳市场发展主要经历了地方试点、全国市场准备、全国市场建设和完善三个阶段。

地方试点阶段（2011年至今）

2011年，国家发展改革委发布《关于开展碳排放权交易试点工作的通知》（发改办气候〔2011〕2601号），确立两省五市（北京市、天津市、上海市、重庆市、深圳市、广东省、湖北省）共7个国内碳排放权交易试点。2013年开始试点交易运行至今，积累了宝贵经验，为全国碳市场的建设奠定了良好的基础。

全国市场准备阶段（2013—2017年）

2013年11月，建设全国碳市场被列入全面深化改革的重点任务之一。2014年12月发布的《碳排放权交易管理暂行方法》确立了全国碳市场总体框架。2017年12月，《国家发展改革委关于印发〈全国碳排放权交易市场建设方案（发电行业）〉的通知》（发改气候规〔2017〕2191号）发布，标志着全国碳市场完成总体设计、正式启动。

全国市场建设和完善阶段（2017—2021年）

2018年为全国碳市场的基础建设期，完成全国统一的数据报送系统、注册登记系统和交易系统建设。2019年是模拟运行期，开展发电行业配额模拟交易，全面检验市场各要素环节的有效性和可靠性。2020年则进入深化完善期，在发电行业交易主体间开展配额现货交易，交易仅以履约为目的。2021年7月16日，全国碳市场正式开市。

根据2030年"碳达峰"目标，预计从2021年至2030年逐步完善全国碳市场。在初期发电行业碳市场稳定运行的前提下，再逐步扩大市场覆盖范围，丰富交易品种和交易方式，并探索开展碳排放初始配额有偿拍卖、碳金融产品引入以及碳排放交易国际合作等工作。

2030年碳排放达峰以后，我国碳市场需要从服务于碳强度下降目标转而服务于碳排放绝对量下降目标。预计碳配额的稀缺程度将进一步提高，碳市场价格进一步升高，初始配额的有偿分配比例进一步提高，碳金融产品的产品种类、市场规模等进一步增强，国际合作的深度与广度进一步加大。

71 我国试点碳市场运行状况如何?

截至2020年10月底,我国7个试点碳市场累计成交量4.16亿吨二氧化碳,累计成交额96.1亿元。我国试点碳市场已成长为全球配额成交量第二大碳市场。此外,福建省也于2016年启动碳市场,截至2020年10月底,累计成交量910万吨二氧化碳,成交额达2.01亿元。

各试点碳市场的覆盖行业有所差异,总的来看,集中在电力、钢铁、石化、化工等行业。其中,所有碳市场都实现了对电力行业的覆盖,部分市场实现了对热力行业、油气行业的覆盖。

各试点碳市场运行情况(截至2020年10月30日)

试点	覆盖行业	累计成交量(亿吨)	累计成交额(亿元)	2019年控排企业数量(家)	纳入气体	2019年配额总量(亿吨二氧化碳)
北京市	热力生产和供应,火力发电,水泥制造,石化生产、服务业及其他	0.40	16.7	843	二氧化碳	—
天津市	钢铁、化工、电力、热力、石化、油气开采	0.18	3.6	125	二氧化碳	—
上海市	钢铁、石化、化工、有色、电力、建材、纺织、造纸、橡胶、化纤、航空、港口、机场、铁路	0.46	10.7	313	二氧化碳	1.58
重庆市	化工、建材、冶金、电力等	0.09	0.004	195	二氧化碳、甲烷、氧化亚氮、氢氟碳化物、六氟化硫、全氟化硫	—
深圳市	电力、工业、建筑物等	0.58	13.8	721	二氧化碳	—
广东省(不含深圳市)	电力、钢铁、石化、水泥等	1.53	31.7	242	二氧化碳	4.65
湖北省	电力、钢铁、水泥、化工等12个行业	0.90	19.6	373	二氧化碳	2.7

72 我国试点碳市场运营机构的职责定位和组织结构是什么？

碳市场试点工作开展以来，北京、天津、上海、重庆、广东、湖北、深圳陆续建设了交易机构，分别为：北京绿色交易所、天津排放权交易所、上海环境能源交易所、重庆碳排放权交易中心、广州碳排放权交易所、湖北碳排放权交易中心、深圳排放权交易所。

北京环境交易所有限公司2008年8月经北京市人民政府批准设立，2020年，更名为北京绿色交易所有限公司。北京绿色交易所是国家发展改革委备案的首批中国自愿减排交易机构、北京市政府指定的北京市碳排放权交易试点交易平台。挂牌成立以来，北京绿色交易所不断探索用市场机制推进节能减排的创新途径，相继成立了碳交易、排污权交易、低碳转型服务等业务中心，形成了完整齐备的业务条线，在交易服务、融资服务、绿色公共服务和低碳转型服务等方面开展了卓有成效的市场创新。北京绿色交易所一直着眼首都节能减排、国家低碳发展和国际气候合作的大局，致力于将北京碳市场建设成为全国碳交易中心市场和绿色金融创新中心、国际重要的碳定价中心以及中外气候合作市场平台。

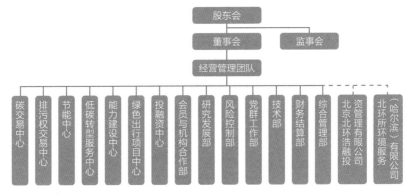

北京绿色交易所组织架构

天津排放权交易所于2008年9月建立，是天津碳交易试点的指定交易平台，是国家首批温室气体自愿减排交易备案交易机构之一，承担过多个国家级绿色低碳课题研究项目，并与多家行业组织密切协作，打造了合同能源管理综合服务平台，为节能减排项目提供全产业链服务。天津排放权交易所以"激发全社会的绿色动能"为使命，致力于为全社会提供以科技与金融为核心的创新型环境解决方案，成为具有国际影响力的能源环境权益交易平台和绿色创融孵化平台。

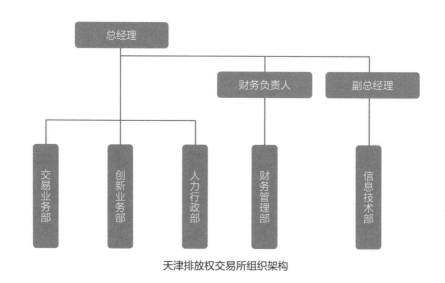

天津排放权交易所组织架构

上海环境能源交易所于2008年8月建立，是经上海市人民政府批准设立的全国首家环境能源类交易平台，是上海市碳交易试点的指定实施平台，也是经国家发展改革委备案的中国核证自愿减排量交易平台。上海环境能源交易所始终以"创新环境能源交易机制，打造环保服务产业链"为理念，积极探索节能减排与环境领域的权益交易，业务涵盖碳排放权交易、中国核证自愿减排量交易、碳排放远期产品交易、排污权交易、碳金融和碳咨询服务等。目前，上海环境能源交易所已经成为全国规模和业务量最大的环境交易所之一，市场发展各项数据均名列全国同行业前列。

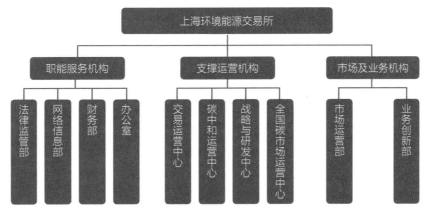

上海环境能源交易所组织架构

重庆碳排放权交易中心被整合进入重庆市公共资源交易中心，职能职责由重庆联合产权交易所集团承担。碳排放权交易信息也由公共资源交易中心发布。

广州碳排放权交易所由广东省政府和广州市政府合作共建，正式挂牌成立于2012年9月，是国家级碳交易试点交易所和广东省政府唯一指定的碳排放配额有偿发放及交易平台。2013年1月成为国家发展改革委首批认定CCER交易机构之一。广州碳排放权交易所陆续推出碳排放权抵押融资、法人账户透支、配额回购、配额托管、远期交易等创新型碳金融业务，为企业碳资产管理提供灵活丰富的途径。2016年4月，广州碳排放权交易所上线了全国唯一一个为绿色低碳行业提供全方位金融服务的平台——"广碳绿金"，有效整合了与绿色金融相关的信贷、债券、股权交易、基金、融资租赁和资产证券化等产品，打造出多层次绿色金融产品体系。

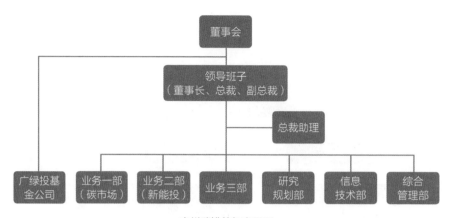

广州碳排放权交易所

湖北碳排放权交易中心成立于2012年9月，为应对气候变化、发展低碳经济、促进产业结构升级、推进环保机制创新而成立，以建设湖北为低碳大省为目标，旨在通过标准化的交易程序保证碳交易市场的公信力；为低成本高效率地控制碳排放积累经验及建设健全机制；为市场参与方提供透明的交易价格；协助国家制定更加完善的碳排放权交易政策和目标；协助企业以最低成本获得最高能源效率；设计一流的碳排放权交易市场和金融创新产品；为碳排放权交易市场利益相关方提供有关排

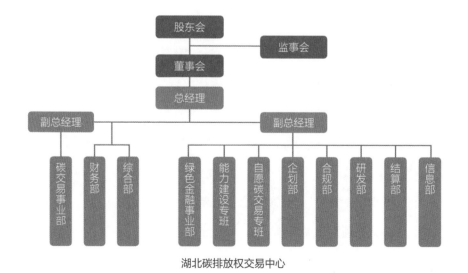

湖北碳排放权交易中心

放权交易的高质量的信息、培训和相关服务。主营业务包括：碳排放权交易、能效市场产品交易、新能源及节能减排综合服务、碳金融创新产品开发及碳交易投融资服务、碳交易市场咨询和培训等。

深圳排放权交易所成立于2010年，是以市场机制促进节能减排的综合性环境权益交易机构和低碳金融服务平台。主营业务包括：为温室气体、节能量及其相关指标、主要污染物、能源权益化产品等能源及环境权益现货及其衍生品合约交易提供交易场所及相关配套服务；为碳抵消项目、节能减排项目、污染物减排项目、合同能源管理项目以及能源类项目；能源及环境权益投资项目提供咨询、设计、交易、投融资等配套服务；为环境资源、节能环保及能源等领域股权、物权、知识产权、债权等各类权益交易提供专业化的资本市场平台服务；信息咨询、技术咨询及培训等。

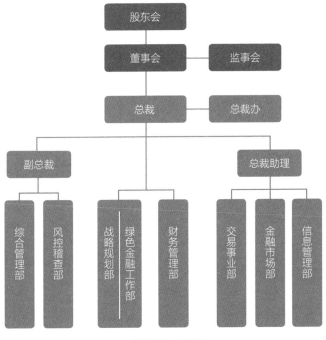

深圳排放权交易所

73 我国试点碳市场运行还需要在哪些方面进行提升？

经过近十年的发展，我国试点碳市场已经取得一定成绩，为全国碳市场的运营积累了经验，但是在市场机制、配额分配、惩罚力度、市场监管等方面仍存在有待完善的地方。

市场要素与交易机制不完善，市场交易活跃度、流动性低

我国试点碳市场的市场要素、交易机制尚不完善，交易主体、碳金融产品种类相对单一，各试点有效交易天数占总交易天数的比例较低、各年度成交量占配额总量的比例较低，企业参与配额交易的积极性较差。同时，试点碳市场以现货交易为主，流动性较差。全国碳市场需要进一步完善碳金融体系，完善市场要素与交易机制，构建市场活跃、品种丰富、机制健全的市场体系。

碳排放初始配额分配制度需要健全

我国试点碳市场的配额分配主要以"历史法"或"基准线法"为主，全国碳市场发电行业则是采用基准值法分配免费配额。在当前的分配制度下，没有考虑到行业内的地区间差异。对于清洁能源资源比较丰富的地区，煤电常用于系统调峰，所以发电机组负荷率偏低、启停运次数较多，这样企业的碳排放强度就比较大，可能产生配额不足的情况。相对而言，以火电为主的地区，发电机组运行负荷率高，企业排放强度低，其碳排放配额就比较富足。全国碳市场需要进一步完善初始配额的分配制度，依据地区、行业、主体规模制定有差别的分配方式，适时引入有偿配额分配机制。

碳排放配额总量制定过于宽松，失约惩罚力度较弱

试点碳市场建设以来，各试点市场碳交易均价都出现过"断崖式"下跌的现象，主要原因是相应年度的碳排放配额总量过剩。《碳排放权交易管理办法（试行）》（生态环境部令第19号）规定"对未能按时足额清缴配额的重点排放单位，处二万元以上三万元以下的罚款"，显著低于部分主体的履约成本。《碳排放权交易管理暂行条例（草案修改稿）》提高了惩戒力度，提出"重点排放单位不清缴或者未足额清缴碳排放配额的，处十万元以上五十万元以下的罚款；逾期未改正的，未足额清缴部分在下一年度碳排放配额中进行等量核减"，但截至2021年7月底，这一条例尚未正式施行。

碳金融领域监管机制不健全

目前，我国各试点碳市场采用与普通金融监管相同的机制对碳金融领域进行监管。然而，银保监会和证监会各自难以独立识别出市场存在的潜在问题，两者对相关问题的解决思路也可能存在分歧，难以实现对碳金融领域的有效统一监管，对于碳金融领域可能出现的违规行为也缺少全面具体的应对措施。**全国碳市场需要针对碳金融产品特点，构建完善的碳金融领域监管机制，有效利用金融产品促进低碳投资。**

74 如何保障碳市场中企业排放数据的准确性？全国碳市场对碳排放数据的统计提出了哪些要求？

从国际碳市场的发展经验来看，建立监测、报告、核查机制（Monitoring、Reporting、Verification，简称MRV）是保障企业排放数据准确性的必要措施。监测是指企业应基于标准化的温室气体排放数据核算方法学对自身年度二氧化碳排放情况进行核算；报告是指企业通过数据处理、整合、分析向省级能源环境主管部门提交年度二氧化碳排放报告；核查是指第三方核查机构对企业年度排放报告进行独立核查，确保数据的真实性。有效的MRV机制是确立行业碳排放控制总量和各主体初始配额、履约时缴纳配额的重要基础。

试点碳市场阶段，国家发展改革委于2013、2014、2015年分三批发布了24个行业企业温室气体排放核算方法与报告指南，各试点省市也积极制定核查指南、核查机构管理办法等配套政策，初步建立起了完整的核算、核查和配额清缴机制。

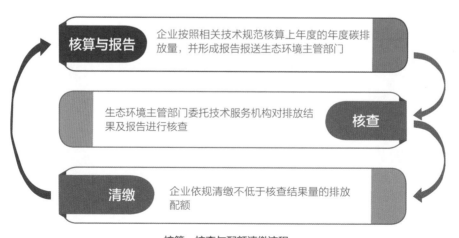

核算与报告 企业按照相关技术规范核算上年度的年度碳排放量，并形成报告报送生态环境主管部门

生态环境主管部门委托技术服务机构对排放结果及报告进行核查 **核查**

清缴 企业依规清缴不低于核查结果量的排放配额

核算、核查与配额清缴流程

为了保障全国碳市场的数据真实性，生态环境部进一步对全国碳市场的碳排放数据核算与核查进行了统一规定。根据《碳排放权交易管理办法（试行）》（生态环境部令第19号）要求，碳排放数据核算与核查主要涉及生态环境主管部门、重点排放单位、技术服务机构三方，主要体现在以下三方面：

一是重点排放单位应按生态环境部公布的技术规划编制温室气体排放监测计划并向省级生态环境主管部门备案。

二是重点排放单位根据相关技术规范编制上一年度排放报告，并于每年3月31日前报送生态环境主管部门，数据及台账至少保留5年。同时需保证报告真实完整准确，并接受社会监督。

三是生态环境主管部门可以委托技术服务机构对排放报告进行核查，作为配额清缴依据，技术服务单位需对核查结果负责。

75 碳市场各主体的初始配额分配方式有哪些？

碳市场初始配额分配方式包括免费分配和有偿分配两种。

免费分配是指按照一定标准确定各主体排放配额，并以无偿的方式分配给企业。有偿分配是指管理部门定期公开出售一定数量配额的方式。根据《碳排放权交易管理办法（试行）》（生态环境部令第19号），我国全国碳市场配额分配初期拟以免费为主，适时引入有偿分配。试点碳市场中，广东省采用了免费发放和有偿发放结合的方式，根据《广东省2020年度碳排放配额分配实施方案》，2020年电力企业的免费配额比例为95%。

根据分配标准不同，免费分配又包括历史法和基准线法两种方式。

历史法可细分为历史排放总量法和历史排放强度法两类，历史排放总量法即根据排放单位历史排放情况计算分配配额；历史排放强度法则是基于某一家企业历史生产数据和排放量，计算其单位产品的排放情况，并以此为基数逐年下降。基准线法是指参考行业整体排放数据水平，设置排放强度基准线，并根据该基准发放配额。

根据出售方式不同，有偿分配又包括拍卖法和固定价格出售法两种方式。

拍卖法是由企业竞价购买，出价高者可获得配额。固定价格出售法则是由管理部门确定固定的出售价格向市场主体售卖。

76 我国碳市场中发电行业采用什么样的配额分配方法？

全国碳市场建立之前，除了重庆市采用自主申报的方式以外，各试点碳市场多采用"历史法"或"基准线法"或两者结合的方法对发电行业的配额进行分配。但由于各试点在排放来源、经济产业结构、能源消费结构、未来发展规划等方面存在较大差异，各地又结合实际情况设计了具体的分配方案。

我国碳市场试点地区发电行业配额分配方法

试点	碳配额分配方法	核算依据	机组分类
北京市	2013—2016 年采用历史法，2017 年调整为基准线法	供电量排放	3 类：燃煤机组、F 级以下燃气机组、F 级燃气机组
天津市	历史法	发电量排放	无
上海市	基准线法	2016 年以发电量排放为依据，2017 年起改为以供电量排放为依据	9 类：12 兆瓦中压燃煤机组、300 兆瓦亚临界燃煤机组、600 兆瓦亚临界燃煤机组、600 兆瓦超临界燃煤机组、660 兆瓦超超临界燃煤机组、1000 兆瓦超超临界燃煤机组、E 级燃油机组、E 级燃气机组、F 级燃气机组
重庆市	企业自主申报，若配额管理单位的申报量之和高于年度配额总量控制上限，再按一定规则进行调整		
深圳市	基准线法	发电量排放	5 类：燃煤机组、9E 级天然气机组、9E 级液化天然气热电联产机组、9E 级液化天然气发电机组，9F 级液化天然气发电机组

试点	碳配额分配方法	核算依据	机组分类
广东省	燃煤燃气机组采用基准线法，资源综合利用（煤矸石等）发电机组在2016年前采用历史排放法，2017年后调整为历史强度下降法	发电量排放	10类：300兆瓦以下循环流化床燃煤机组、300兆瓦以下非循环流化床燃煤机组、300兆瓦循环流化床燃煤机组、300兆瓦非循环流化床燃煤机组、600兆瓦亚临界燃煤机组、600兆瓦超临界燃煤机组、600兆瓦超超临界燃煤机组、1000兆瓦燃煤机组、390兆瓦以下燃气机组、390兆瓦燃气机组
湖北省	基准线法	发电量排放	5类：300兆瓦亚临界燃煤机组、300兆瓦超临界燃煤机组、600兆瓦超临界燃煤机组、600兆瓦超超临界燃煤机组、1000兆瓦超超临界机组

全国碳市场启动后，发电行业的配额分配方式在方法选取、核算依据选取和基准值分类三方面得到了统一。根据《2019—2020年全国碳排放权交易配额总量设定与分配实施方案（发电行业）》（国环规气候〔2020〕3号），2019—2020年发电行业配额全部实行免费分配，分配方法采用基准线法，以供电量排放为核算依据。基准值计算时，纳入配额管理的机组又分为四类：300兆瓦等级以上常规燃煤机组，300兆瓦等级及以下常规燃煤机组，燃煤矸石、煤泥、水煤浆等非常规燃煤机组（含燃煤循环流化床机组）以及燃气机组。

全国碳市场机制设计

77 全国碳市场有哪些交易主体、交易品种和交易方式？

全国碳市场的**交易主体**为重点排放单位以及符合国家有关交易规则的机构和个人。首批暂仅纳入电力企业作为交易主体，未纳入全国碳市场的企业可继续参与区域试点市场。

全国碳市场的**交易品种**目前主要为碳排放配额。按照《碳排放权交易管理办法（试行）》（生态环境部令第19号）的规定，生态环境部可以根据国家有关规定适时增加其他交易产品。

全国碳市场的**交易方式**包括协议转让、单向竞价以及其他符合规定的方式，市场交易需通过全国碳排放权交易系统进行。2021年6月，上海能源环境交易所发布《关于全国碳排放权交易相关事项的公告》进一步明确，协议转让包括挂牌协议交易和大宗协议交易。

🔔 **小贴士**

《关于加强企业温室气体排放报告管理相关工作的通知》(环办气候〔2021〕9号)中列出了八个重点排放行业名称,并在该文件的附件1中明确了对应的国民经济行业分类代码和类别名。

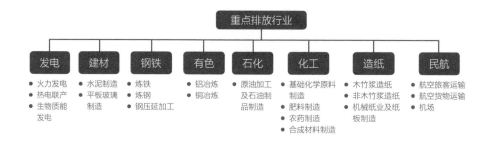

78 全国碳市场注册登记机构和交易机构的职责分别是什么？两个机构之间有什么业务联系？

根据《碳排放权交易管理办法（试行）》（生态环境部令第19号）规定，在碳市场组织建立全国碳排放权注册登记机构和全国碳排放权交易机构，组织建设全国碳排放权注册登记系统和全国碳排放权交易系统。全国碳排放权注册登记机构通过全国碳排放权注册登记系统，记录碳排放配额的持有、变更、清缴、注销等信息，并提供结算服务，全国碳排放权交易机构负责组织开展全国碳排放权集中统一交易。

我国全国碳市场建设采用"双城"模式，即上海市牵头开展交易机构建设，湖北省牵头开展注册登记机构建设。

注册登记机构与交易机构之间的联系：

注册登记机构应当根据交易机构提供的成交结果办理交易登记，根据经省级生态环境主管部门确认的碳排放配额清缴结果办理清缴登记。注册登记机构应当与交易机构建立管理协调机制，实现注册登记系统与交易系统的互通互联，确保相关数据和信息及时、准确、安全、有效交换。碳排放配额的清算交收业务，由注册登记机构根据交易机构提供的成交结果按规定办理。交易机构对交易主体的最大持仓量进行实时监控，注册登记机构应当对交易机构实时监控提供必要支持。注册登记机构应当与交易机构相互配合，建立全国碳排放权交易结算风险联防联控制度。交易主体涉嫌重大违法违规，正在被司法机关、国家监察机关和生态环境部调查的，注册登记机构可以对其采取限制登记账户使用的措施，其中涉及交易活动的应当及时通知交易机构，经交易机构确认后采取相关限制措施。

79 全国碳市场如何进行配额分配和清缴？

《碳排放权交易管理办法（试行）》（生态环境部令第19号）和《碳排放权交易管理暂行条例（草案修改稿）》（环办便函〔2021〕117号）规定，由国务院生态环境主管部门根据国家温室气体排放总量控制和阶段性目标要求，提出碳排放配额总量确定和分配方案。省级生态环境主管部门根据配额总量和分配方案，向行政区域重点排放单位分配碳排放配额。

重点排放单位根据实际排放量及时清缴上一年度的碳排放配额，清缴量应当大于或者等于主管部门核查确认的上年度实际排放量。清缴后配额仍有剩余的，可以结转使用；不能足额清缴的，可以通过在全国碳市场购买配额等方式完成清缴。

2020年12月，针对碳排放重点管控的发电行业，生态环境部发布《2019—2020年全国碳排放权交易配额总量设定与分配实施方案（发电行业）》及重点排放单位名单，对2019—2020年配额实行全部免费分配，并采用基准法核算重点排放单位所拥有机组的配额量，按机组2018年度供电（热）量的70%进行2019—2020年配额预分配，在完成2019年和2020年度碳排放数据核查后，按机组2019年和2020年实际供电（热）量对配额进行最终核定。重点排放单位的配额量为其所拥有各类机组配额量的总和。

此外，为降低配额缺口较大的企业履约负担，设定配额履约缺口上限，当重点排放单位配额缺口量占其经核查排放量比例超过20%时，其配额清缴义务最高为其获得的免费配额量加20%的经核查排放量。燃气机组配额清缴时若其经核查排放量不低于核定的免费配额量，则其配额清缴义务为已获得的全部免费配额量；当低于核定的免费配额量时，其配额清缴义务为经核查排放量等量的配额量。

80 为什么全国碳市场优先纳入发电行业？

生态环境部发布的《2019—2020年全国碳排放权交易配额总量设定与分配实施方案（发电行业）》规定，年排放量达到2.6万吨二氧化碳当量的发电企业将作为重点排放单位纳入配额管理。根据上海环境交易所数据，2019—2020年履约期纳入的发电企业为2162家，覆盖约45亿吨二氧化碳排放量。

优先纳入发电行业主要原因如下：

发电行业的产品清晰且无明显地区差异性，易于研究制定全国适用的配额分配方法。

发电行业产品主要为热、电两类，投入产出流程比较直观，碳配额分配及核算方法的制定难度相对较小。此外，产品不存在明显的地区差异性，也就意味着相关方法学的基本原理在不同地区可以实现通用。

发电行业具有较好的数据基础，开展监测、报告、核查的条件比较成熟。

达到纳入门槛的发电企业通常都达到了一定机组规模，这些企业电能计量、燃料计量等设备配备相对比较完善。此外，在超低排放等环保标准下，一些企业对于自身大气污染物及温室气体排放也已经开展过核算工作。因此，发电行业具备一定数据基础，能够较快适应碳市场的计量要求。

行业排放量较大，能够对全国碳市场建设产生较强示范作用。

经过改革开放以来几十年的发展，我国电力工业规模快速扩张，电源结构中煤电比例又比较大，因此，行业二氧化碳总排放量巨大。首批纳入全国碳市场的发电企业排放总量超过30亿吨，超过欧盟碳市场年均约20亿吨排放量的总规模。

行业管理制度相对健全，易于统一管理。

我国发电行业的发展已经进入相对成熟的阶段，政策法规、规范标准及监管制度都比较完备。发电企业以大型企业为主，国有资本参（控）股比重大，协调管理难度较小。全国碳市场仍在建设初期，发电行业率先纳入可在一定程度上降低配额核算和履约管理的难度。

81 全国碳市场对发电行业重点排放单位的纳入条件有哪些规定？

《全国碳排放权交易市场建设方案（发电行业）》明确，初期交易主体为发电行业重点排放单位，即年度排放达到2.6万吨二氧化碳当量（综合能源消费量约1万吨标准煤）及以上的企业或者其他经济组织，其中包括年度排放达到2.6万吨二氧化碳当量及以上的其他行业自备电厂。

《2019—2020年全国碳排放权交易配额总量设定与分配实施方案（发电行业）》规定，纳入配额管理的机组包括纯凝发电机组和热电联产机组，自备电厂参照执行，不具备发电能力的纯供热设施不在本方案范围之内。具体的机组判定标准如下所示。

纳入配额管理的机组判定标准

机组分类	判定标准
300兆瓦等级以上常规燃煤机组	以烟煤、褐煤、无烟煤等常规电煤为主体燃料且额定功率不低于 400 兆瓦的发电机组
300兆瓦等级及以下常规燃煤机组	以烟煤、褐煤、无烟煤等常规电煤为主体燃料且额定功率低于 400 兆瓦的发电机组
燃煤矸石、煤泥、水煤浆等非常规燃煤机组（含燃煤循环流化床机组）	以煤矸石、煤泥、水煤浆等非常规电煤为主体燃料（完整履约年度内，非常规燃料热量年均占比应超过 50%）的发电机组（含燃煤循环流化床机组）
燃气机组	以天然气为主体燃料（完整履约年度内，其他掺烧燃料热量年均占比不超过 10%）的发电机组

暂不纳入配额管理的机组判定标准

机组分类	判定标准
生物质发电机组	纯生物质发电机组（含垃圾、污泥焚烧发电机组）
掺烧发电机组	（1）生物质掺烧化石燃料机组：完整履约年度内，掺烧化石燃料且生物质（含垃圾、污泥）燃料热量年均占比高于 50% 的发电机组（含垃圾、污泥焚烧发电机组）； （2）化石燃料掺烧生物质（含垃圾、污泥）机组：完整履约年度内，掺烧生物质（含垃圾、污泥等）热量年均占比超过 10% 且不高于 50% 的化石燃料机组； （3）化石燃料掺烧自产二次能源机组：完整履约年度内，混烧自产二次能源热量年均占比超过 10% 的化石燃料燃烧发电机组
特殊燃料发电机组	仅使用煤层气（煤矿瓦斯）、兰炭尾气、炭黑尾气、焦炉煤气（荒煤气）、高炉煤气、转炉煤气、石油伴生气、油页岩、油砂、可燃冰等特殊化石燃料的发电机组
使用自产资源发电机组	仅使用自产废气、尾气、煤气的发电机组
其他特殊发电机组	（1）燃煤锅炉改造形成的燃气机组（直接改为燃气轮机的情形除外）； （2）燃油机组、整体煤气化联合循环发电机组、内燃机组

82 全国碳市场和现有试点碳市场如何衔接？

　　2017年12月发布的《全国碳排放权交易市场建设方案（发电行业）》明确，全国碳市场启动后，区域碳交易试点地区将符合条件的重点排放单位逐步纳入全国碳市场，实行统一管理；区域碳交易试点地区继续发挥现有作用，在条件成熟后逐步向全国碳市场过渡。2020年12月底发布的《碳排放权交易管理办法（试行）》规定，纳入全国碳排放权交易市场的重点排放单位，不再参与地方碳排放权交易试点市场。

　　2020年底发布的《2019—2020年全国碳排放权交易配额总量设定与分配实施方案（发电行业）》规定，对已参加地方碳市场2019年度配额分配但未参加2020年度配额分配的重点排放单位，暂不要求参加全国碳市场2019年度的配额分配和清缴。对已参加地方碳市场2019年度和2020年度配额分配的重点排放单位，暂不要求其参加全国碳市场2019年度和2020年度的配额分配和清缴。地方碳市场不再向纳入全国碳市场的重点排放单位发放配额。

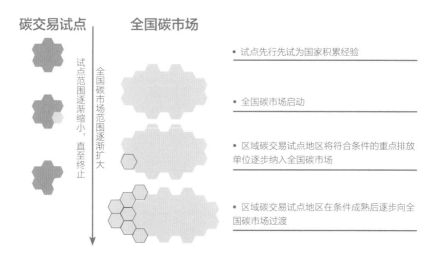

全国碳市场和碳交易试点衔接示意图

83 《碳排放权交易管理办法（试行）》（生态环境部令第19号）的政策要点主要有哪些？

为推进生态文明建设，更好履行《联合国气候变化框架公约》和《巴黎协定》，在碳减排行动中充分发挥市场机制作用，生态环境部制定了《碳排放权交易管理办法（试行）》，包含总则规定、排放配额管理、排放交易、排放核查与排放配额清缴、监督管理、责任追究、附则七个章节，共五十一条规定。《办法》自2021年2月1日起实施，标志着全国碳市场的正式启动。

> **《办法》对生态环境部和省级生态环境部门的职责划分进行了明确和细化。**
>
> 生态环境部主要负责市场总体建设，包括全国碳市场覆盖温室气体种类和行业范围确定、注册登记机构和交易机构建设、技术规范制定、配额总量确定与分配方案确定等内容。省级生态环境部门主要负责市场建设的推进和管理，包括开展碳排放配额分配和清缴、温室气体排放报告核查、确定重点排放单位名单等内容。

《办法》规定了全国碳排放权交易的产品、主体、方式和初始分配方法。

初期交易产品为碳排放配额；主体为重点排放单位以及符合国家有关交易规则的机构和个人；方式包括协议转让、单向竞价以及其他符合规定的方式；初始配额分配以免费分配为主，可适时引入有偿分配。

《办法》规定了重点排放单位违反规定的处罚方式。

对于虚报、瞒报温室气体排放报告的重点排放单位，处一万元以上三万元以下的罚款；对于未按时足额清缴配额的重点排放单位，处二万元以上三万元以下的罚款。逾期未改正的，省级生态环境主管部门还将在下一年度碳排放配额中对虚报、瞒报、欠缴部分配额进行等量核减。

84 《碳排放权登记管理规则（试行）》《碳排放权交易管理规则（试行）》和《碳排放权结算管理规则（试行）》（生态环境部公告 2021年第21号）政策要点主要有哪些？

2021年5月17日，生态环境部发布《碳排放权登记管理规则（试行）》《碳排放权交易管理规则（试行）》和《碳排放权结算管理规则（试行）》（生态环境部公告 2021年第21号），对登记、交易、结算工作的细则进行了明确，为进一步规范全国碳排放权登记、交易、结算活动提供了政策依据。

政策适用范围及相关规定

名称	适用范围	相关规定
《碳排放权登记管理规则（试行）》	全国碳排放权持有、变更、清缴、注销的登记及相关业务的监督管理	交易主体的初始配额登记、交易结果登记、配额清缴登记均由注册登记机构办理；注册登记系统记录的信息是判断碳排放配额归属的最终依据；注册登记机构应建立信息管理制度，应与交易机构建立管理协调机制，实现注册登记系统与交易系统的互通互联
《碳排放权交易管理规则（试行）》	全国碳排放权交易及相关服务业务的监管管理	交易主体可通过交易机构获取交易凭证及其他相关记录；为了管理交易风险，交易机构可实行涨跌幅限制制度、最大持仓量限制制度、大户报告制度、风险警示制度、异常交易监控制度；交易机构应建立信息披露与管理制度，并定期发布配额交易行情等公开信息
《碳排放权结算管理规则（试行）》	全国碳排放权交易的结算监督管理	注册登记机构应选择符合条件的商业银行作为结算银行，对各交易主体的交易资金实行分账管理，结算银行不得参与碳排放权交易；注册登记机构应当与交易机构相互配合，建立全国碳排放权交易结算风险联防联控制度；出现结算无法正常进行等特殊情形时，注册登记机构应及时发布异常情况公告，采取紧急措施化解风险

85 能源电力企业参与全国碳交易市场需要开展哪些工作？

能源电力企业参与全国碳交易市场需要开展市场用户注册、交易策略制定、报价决策分析、交易行为复盘研究等工作。

▶ 完成市场用户注册

《碳排放权交易管理办法（试行）》（生态环境部令第19号）明确规定：重点排放单位应当在全国碳排放权注册登记系统开立账户，进行相关业务操作。能源电力企业是碳排放权交易市场的首批交易主体，为保证交易的顺利开展，首先需要完成市场用户注册。

▶ 合理制定交易策略

碳市场与其他要素市场相同，遵循基本市场原理和市场规律。企业在对自身排放情况充分盘查的基础上，掌握市场交易规则，熟悉市场主要交易模式和交易品种，通过制定合理的交易策略，能够保障企业在市场交易中的收益。

▶ 开展报价决策分析

碳市场允许交易主体之间的自由买卖，市场价格也将随着供需情况的变化不断波动。企业通过对国家及地方相关政策的密切追踪，基于碳市场披露信息及其相关行业信息，研判市场供需及市场价格趋势，合理参与市场报价，以争取企业利益最大化。

▶ 定期进行复盘研究

全国碳市场正式启动后，随着市场交易的开展将不断发现市场价格，呈现出一定的趋势规律。企业可通过开展定期的研究复盘，深入分析行业动态和市场趋势，在积极参与市场交易的基础上充分累积市场经验。

86 全国碳市场启动当月我国及国际碳市场的碳价水平分别如何？

2021年7月16日，我国全国碳市场正式启动交易。根据上海环境能源交易所的统计，截至7月31日，累计成交量为595.2万吨，累计成交额为29958.5万元，平均价格为50.3元/吨。7月16—31日，交易价格的最高值为61.07元/吨（2021年7月23日），交易价格的最低值为48元/吨（2021年7月16日开盘价）。

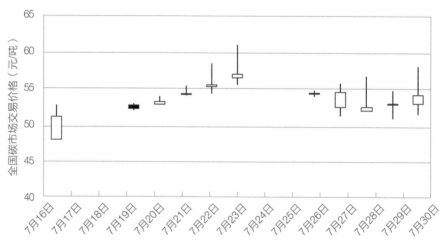

中国全国碳市场交易价格

数据来源：全国碳交易微信公众号

2021年7月，欧盟碳市场的价格整体呈现先降低后升高的趋势。根据欧洲气候交易所的公开数据，DEC21碳配额（指2021年12月交割的配额期货）的交易价格的最高值为57.87欧元/吨（2021年7月5日），交易价格的最低值为50.79欧元/吨（2021年7月22日）。

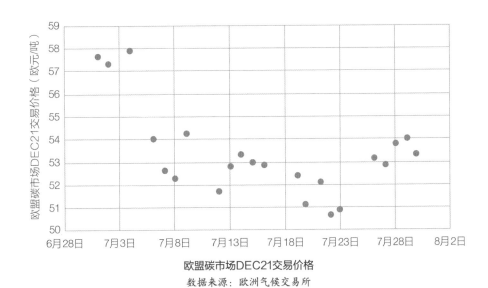

欧盟碳市场DEC21交易价格

数据来源：欧洲气候交易所

美国区域温室气体倡议RGGI和加州-魁北克碳市场的初始配额发放以拍卖为主，每个季度举行一次拍卖。2021年第二季度，RGGI和加州-魁北克碳市场的拍卖成交均价分别为7.97美元/吨和18.82美元/吨，相比上一季度分别上涨了4.9%和5.6%。

87 影响碳市场交易价格的因素有哪些？

碳市场交易主体涉及多个行业，交易过程涉及多项规则，市场价格受到多重因素的影响，其中最重要的影响因素包括供需情况、政策制度、能源价格、技术发展等方面。

供需情况	影响碳市场价格最直接的因素。当供给量超过需求量时，配额购买主体拥有更多的选择余地，在市场中占据相对主动的地位，市场价格呈现下降趋势；相反，供给量无法满足需求量时，配额售卖方占据相对主动地位，市场价格随之上涨。
政策制度	影响碳市场价格的重要因素。一是配额总量目标。政府部门根据当年减排、控排目标确定配额总量，总量的大小将直接决定碳市场的总体供给量，进而影响市场价格。二是配额分配方式，即免费分配和有偿分配的比例关系。若免费配额比例过高，企业减排压力小，碳排放权购买需求降低，市场整体活跃程度不足，市场价格随之下降。三是清缴追责方式。若企业未足额清缴碳排放配额的罚款过低，企业超额排放部分购买碳配额的动力不足，同样难以激活市场的活跃性。

能源价格	通过影响企业的生产行为间接影响碳市场价格。能源价格的上涨将提高企业的生产成本，压缩企业利润空间，降低企业生产动力，减少企业排放需求，进而对碳市场价格产生影响。
技术发展	通过降低总体排放需求影响碳市场价格。碳捕集与封存、化石能源替代、新能源开发利用等技术的不断发展，将逐步减少企业生产经营活动的碳排放量，进而促进碳市场价格下降。同时，碳市场价格也是影响相关技术发展的重要因素，碳市场价格的上涨将进一步增加企业的生产成本，促进企业发展相关减排技术以减少自身排放量。

碳市场交易价格会对发电行业产生哪些影响?

碳市场所释放的价格信号将对发电行业产生一定影响,主要体现在以下三个方面:

推动火电机组减排,促进行业低碳转型

基准线法分配方式下,碳排放权价格处于一定合理范围内,低排放火电机组能够通过碳市场获得收益,降低发电成本,提升企业竞争力;高排放火电机组则需要支出额外成本购买碳排放权以满足自身排放需求,成本的进一步增加将加速低效机组退役或减排改造。

影响主体投资决策,促进电源结构优化

将碳价纳入发电成本,本质上是将外部成本内部化,最直接的效果是改变不同种类电源的成本收益特性。碳市场价格将进一步对发电行业施压,推动发电行业持续开发和利用清洁能源,优化总体电源结构。

影响主体运营决策,深化电力体制改革

碳市场价格通过改变发电成本影响主体运营行为,加强发电权等市场的活跃程度。此外,电源结构的调整,火电定位的改变,将倒逼电力市场的建设完善,促进绿电交易、容量市场、辅助服务市场的加快推进。

89 CCER是什么？电力领域有哪些类别的项目适合开发CCER？

CCER，全称为国家核证自愿减排量（Chinese Certified Emission Reduction），是指对我国境内可再生能源、林业碳汇、甲烷利用等项目的温室气体减排效果进行量化核证，并在国家温室气体自愿减排交易注册登记系统中登记的温室气体减排量。按照《碳排放权交易管理办法（试行）》（生态环境部令第19号），重点排放单位每年可以使用CCER抵销碳排放配额的清缴，抵销比例不得超过应清缴碳排放配额的5%。CCER抵销机制是指在实行总量控制的碳交易体系中，允许控排企业使用特定减排项目产生的减排指标进行履约。CCER抵销机制有助于扩大碳市场参与主体，通过市场化补偿手段促进林业、清洁能源等环境友好型产业发展，同时降低控排企业履约成本。

CCER项目开发涉及能源工业、能源配送、废物处理、化工业等16个领域。对于电力领域来说，风电、光伏发电、垃圾焚烧发电、农村沼气发电和生物质发电都是首选的CCER项目。根据CCER项目公示和备案平台统计，截至2021年6月，我国自愿减排交易信息平台上共审定项目2871个、备案项目867个。

CCER项目抵销机制

企业A年度实际排放量超过初始配额，需要向其他企业购买多余配额或CCER；企业B实际排放量小于初始配额，可将多余部分配额出售给企业A；企业C的项目为CCER项目，其项目所实现的减排量同样可以用于出售来抵销企业A的配额清缴。

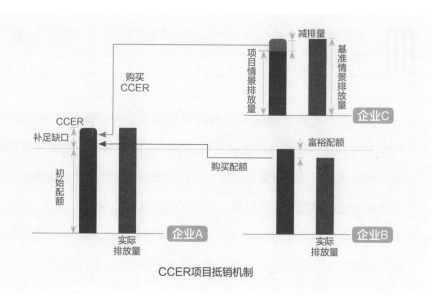

CCER项目抵销机制

CCER项目经济性测算

案例

以东北地区某50兆瓦光伏电站开发CCER项目为例，该项目投资5亿元建设光伏地面电站，通过将太阳能转化为电能，替代传统化石能源。项目年发电利用小时数为1300小时，东北电网排放因子取0.7769吨二氧化碳/兆瓦时（排放因子是指使用1千瓦时电产生的温室气体排放量），CCER价格按照20元/吨估算，项目年收益约101万元人民币，项目计入期20年，总收益为2020万元人民币。具体计算如下：

项目年发电量=装机规模×年发电利用小时数=50×1300=65000（兆瓦时）

项目年减排量=项目年发电量×排放因子=65000×0.7769=50498.5（吨二氧化碳）

项目总收益=项目年减排量×CCER价格×项目计入期=50498.5×20×20=2020（万元）

90 什么是CCER的额外性？电力领域CCER项目的额外性主要体现在哪些方面？

　　CCER的额外性是指CCER项目活动所带来的减排量对于基准线是额外的。也就是说，该项目在没有CCER支持下，存在着诸如财务效益、融资渠道、技术风险、市场普及以及资源条件等方面的障碍，依靠项目业主的现有条件难以实现。因而，该项目的减排量只有在存在CCER支持的情况下才能够产生，成为相对基准线的额外减排量。

　　CCER额外性的证明需要由第三方进行严格的审查确认，审查流程如下图所示。

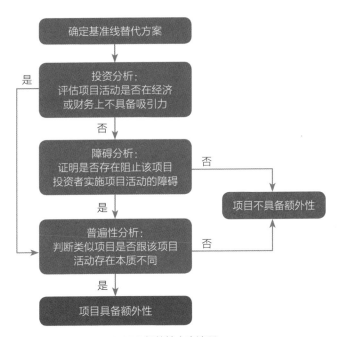

CCER额外性审查流程

电力行业CCER项目可以为尚处于发展初期的关键技术提供支持，促进一些成本较高的可再生能源项目开发。以海上风电为例，我国目前已经发展成为全球"可再生能源第一大国"，随着技术的不断成熟，陆上风电、光伏发电项目开发成本持续降低，已具备平价上网条件，发展海上风电是进一步促进可再生能源开发利用的重要方向。然而，海上风电仍存在成本过高等问题，现阶段依靠项目自身发电盈利的空间有限。CCER的额外性可以为此类项目提供额外收益，缩小与陆上可再生能源项目之间的成本差异，助力海上风电项目的可持续发展。

91 什么是CCER方法学？能源电力领域主要有哪些方法学？

CCER方法学是指用于确定项目基准线、论证额外性、计算减排量、制定监测计划等的方法指南。CCER项目应从国家主管部门备案的方法学中选择适合项目技术类型的方法学，并由经国家主管部门备案的审定机构审定。若已备案方法学中无适合的方法学，项目可开发新的方法学，向国家主管部门申请备案并提交该方法学及所依托项目的设计文件，国家主管部门委托专家开展评估后对新开发方法学进行审查，对具有合理性和可操作性、所依托项目设计文件内容完备、技术描述科学合理的新开发方法学进行备案。

截至2021年4月，中国自愿减排交易信息平台上共备案十二批次200个CCER方法学。其中，由联合国清洁发展机制方法学转化的有174个，新开发的有26个，涉及能源电力的主要有可再生能源、能源开发、电力及供热三个类别。

能源电力领域相关CCER方法学清单

序号	类别	方法学名称
1	可再生能源	替代单个化石燃料发电项目部分电力的可再生能源项目
2		太阳能—燃气联合循环电站
3		联网的可再生能源发电
4		自用及微电网的可再生能源发电
5		纯发电厂利用生物废弃物发电
6		在新建或现有可再生能源发电厂新建储能电站

序号	类别	方法学名称
7	能源开发	回收煤层气、煤矿瓦斯和通风瓦斯用于发电、动力、供热和（或）通过火炬或无焰氧化分解
8		通过废能回收减排温室气体
9		减少油田伴生气的燃放或排空并用做原料
10		在工业设施中利用气体燃料生产能源
11		向天然气输配网中注入生物甲烷
12		利用汽油和植物油混合原料生产柴油
13		供应侧能源效率提高——传送和输配
14		供应侧能源效率提高——生产
15		在现有制造业中的化石燃料转换
16		通过可控厌氧分解进行甲烷回收
17		燃放或排空油田伴生气的回收利用
18		从工业设施废气中回收二氧化碳替代二氧化碳生产中的化石燃料使用
19		生产生物柴油作为燃料使用
20		生物基甲烷用作生产城市燃气的原料和燃料
21		从煤或石油到天然气的燃料替代
22		化石燃料转换
23		生物质燃气的生产和销售方法学
24	电力及供热	并网的天然气发电
25		新建天然气电厂向电网或单个用户供电
26		现有电厂从煤和（或）燃油到天然气的燃料转换
27		使用低碳技术的新建并网化石燃料电厂
28		新建热电联产设施向多个用户供电和（或）供蒸汽并取代使用碳含量较高燃料的联网／离网的蒸汽和电力生产
29		在工业或区域供暖部门中通过锅炉改造或替换提高能源效率
30		引入新的集中供热一次热网系统

续表

序号	类别	方法学名称
31		供热中使用地热替代化石燃料
32		现有热电联产电厂中安装天然气燃气轮机
33		使用不可再生生物质供热的能效措施
34		通过电网扩展及新建微型电网向社区供电
35		单循环转为联合循环发电
36		天然气热电联产
37		电网中的六氧化硫减排
38		现有电厂的改造和（或）能效提高
39		安装高压直流输电线路
40		新建联产设施将热和电供给新建工业用户并将多余的电上网或者提供给其他用户新建天然气热电联产电厂
41		利用以前燃放或排空的渗漏气为燃料新建联网电厂
42	电力及供热	独立电网系统的联网
43		供热锅炉使用生物质废弃物替代化石燃料
44		生物质废弃物热电联产项目
45		应用来自新建的专门种植园的生物质进行并网发电
46		在配电电网中安装高效率的变压器
47		在联网电站中混燃生物质废弃物产热和（或）发电
48		通过电动和混合动力汽车实现减排
49		使用燃料电池进行发电或产热
50		气体绝缘金属封闭组合电器六氧化硫减排计量与监测方法学
51		新建或改造电力线路中使用节能导线或电缆
52		电动汽车充电站及充电桩温室气体减排方法学
53		特高压输电系统温室气体减排方法学
54		配电网中使用无功补偿装置温室气体减排方法学

92 碳市场和绿色电力证书市场有何异同？两者之间有怎样的联系？

绿色电力证书市场简称绿证市场，是绿色电力证书自由交易买卖的市场。绿色电力证书是对可再生能源发电方式进行确认的一种凭证，绿色电力证书代表一定数量的可再生能源的发电量。

碳市场和绿证市场都是促进能源清洁低碳发展、实现碳中和的重要手段。两个市场设计思路均是在既定的控制总量目标下，通过分配的方式确定各主体的碳配额或可再生能源消纳责任。但是，碳市场和绿证市场在目标定位、运作机理、市场主体等方面存在着明显差异。

碳市场和绿证市场的异同与联系

市场		碳市场	绿证市场
异同	目标定位	为促进温室气体减排所设计的市场机制	对绿色电力能源属性的认证，其主要目的是用来体现绿色电力的化石能源替代、环境保护等社会边际收益。我国现有自愿认购绿证机制，还兼具缓解可再生能源补贴压力的作用
	运作机理	由国家设定碳排放控制总量，限额向企业分配排放权，企业可根据自身排放情况在碳市场中购买配额完成减排目标，或将富余的排放配额在市场中出售获利。若企业未足额清缴碳排放配额，则需要上缴相应的罚款。通过碳市场可对碳排放总量进行控制，同时通过市场机制推动企业以更加灵活的方式和最低的减排成本来实现减排目标	由国家设定清洁能源消纳总量，并明确各主体的消纳责任，同时根据清洁能源实际发电量颁发绿色证书，消纳责任主体通过购买绿色证书落实消纳责任。通过绿证市场对可再生能源进行额外补贴，能够进一步促进可再生能源的开发利用，优化能源结构

续表

市场		碳市场	绿证市场
异同	市场主体	卖方是拥有富余碳排放权的低排放企业，买方是分配排放权不足以涵盖实际排放量的高排放企业	卖方是可再生能源发电企业，买方是电网公司、火电企业、售电公司、高耗能企业等可再生能源消纳责任主体
联系		一方面，作为可再生能源消纳责任主体，火电企业需要在绿证市场购买绿色证书履行消纳责任；另一方面，高排放火电企业需要在碳市场购买配额以避免高额罚金，低排放火电企业可通过出售富余配额获得收益。不论是碳市场还是绿证市场，都将直接影响发电企业的运营成本，进而影响其在电力市场中的交易决策	

93 电力市场、绿证市场如何应对碳市场带来的影响，以保障发电行业的健康发展？

由于碳市场、电力市场和绿证市场的定位和运行机理不同，市场可相互独立运作。但由于远期目标相同、市场主体交叠、价格相互影响，三个市场之间又存在着密切的联系。因此电力市场、绿证市场、碳市场之间的建设需要做好衔接。

1 完善电力市场体系，促进电力市场和碳市场的衔接，在保障电能可靠供应的基础上促进电力系统低碳转型。我国新能源装机容量和装机占比将持续增长，为保证电网运行和电能供应的安全稳定，需要充分发挥火电"压舱石"作用。一方面，完善辅助服务市场机制，提升火电调频、备用等辅助服务的市场收益，以保障电网辅助服务资源的充裕，创造可再生能源的消纳利用空间；另一方面，完善容量市场（补偿）机制，保障电力系统装机容量充裕，保证电能的长期可靠供应。

2 基于绿色证书，探索可再生能源发电企业参与的碳市场抵消机制。抵消机制是碳市场制度体系的重要组成部分。通过使用温室气体自愿减排项目产生的CCER或其他减排指标抵消碳排放量，可有效降低重点排放单位的履约成本，并促进可再生能源发电等温室气体减排效果明显、生态环境效益突出的项目发展。绿色证书作为可再生能源发电的绿色电力属性标识，是天然而且精确的二氧化碳减排衡量方式，与碳减排交易体系可以形成衔接。

3

　　充分考虑碳市场对电源结构调整的影响，合理确定可再生能源电力配额制指标。我国发电行业碳排放量占全国碳排放量的一半，发电行业碳减排成效对于碳中和目标的实现影响重大。在发电行业碳排放总量控制的背景下，未来碳排放权将成为稀缺资源，碳价将逐步推高火电成本，电源结构和布局将发生显著变化。未来需要结合全国碳市场的建设进展，明确碳排放总量及分配方式对可再生能源配额制推进实施的影响，科学分配各主体的可再生能源消纳配额指标。

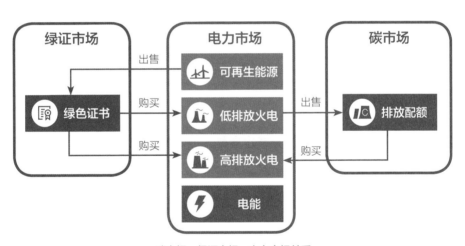

碳市场、绿证市场、电力市场关系

94 绿色电力交易如何助推我国实现"碳达峰、碳中和"目标？

2021年9月，国家发展改革委、国家能源局正式函复《绿色电力交易试点工作方案》，同意国家电网有限公司、中国南方电网有限责任公司开展绿色电力交易试点。绿色电力交易立足还原绿电绿色产品属性的逻辑起点，着眼绿色能源生产消费市场体系和长效机制构建，通过牵住流通环节电力交易的"牛鼻子"，既激活绿色电力的生产侧和消费侧，又促进多机制衔接融合，是电力行业助力"双碳"目标实现的重要举措。

▶ 绿色电力交易充分还原了绿电的绿色商品属性。

与常规电源相比，新能源发电在物理属性和使用价值上没有区别，具有"同质化"的特点。但在商品属性上却具有明显差别，由于新能源发电过程零污染、零碳排放，绿电产品拥有绿色属性，蕴含环境价值，即"同质不同性"。现有电力市场交易机制对充分还原新能源发电的绿色属性尚不充分。开展绿色电力交易，通过对绿电交易主体核发绿证，在流通环节将绿色属性标识和权益凭证直接赋予绿电产品，实现绿证和绿电的同步流转，从而充分还原绿色电力的商品属性。

▶ 绿色电力交易对于推动供应侧绿色电力生产，促进风光发电发展和高效利用、加快电源侧清洁替代具有重要意义。

发电侧电源结构从以传统火电为主转变为以新能源为主体，是新型电力系统的显著特征。从形成到使用全产业链绿色发展程度较高、碳排放为零或近零的已核准并网电源是绿电生产的主力军。绿色电力交易着眼于流通环节对生产环节的带动作用，通过绿色电力优先组织交易、绿电交易合同优先执行、绿电交易结果优先结算，保障绿色电力生产供应的优先地位。

▶ 绿色电力交易有助于全社会绿色电力消费意识启蒙，对于提升终端绿色能源利用率、推动全社会节能减排意义重大。

国家"碳达峰、碳中和"目标提出后，用户侧消费绿色电力意愿显著增强，迫切需要进一步完善电力市场交易体系，为用户购买和使用绿色电力提供渠道。绿色电力交易着眼于鼓励用户侧绿色电力消费，通过优先选取绿电消费意愿强烈的用电主体、支持售电公司推出绿电套餐、推动交易平台完善相关服务、逐步引导新兴市场主体准入等方面，实现对绿色电力消费的激励引导作用。

▶ 绿色电力交易实现了各类市场之间的深度融合和合理衔接，对于发挥价格信号引导作用、充分发挥市场资源配置作用、提升能源利用效率、科学高效实现"碳达峰、碳中和"目标至关重要。

全国碳排放权交易市场启动、电力市场体系逐步完善、可再生能源电力消纳保障机制实施、绿证交易开展，为电力行业提供了一个多类型市场机制并存、共同促进"碳达峰、碳中和"目标实现的市场化环境和格局。在此背景下，绿色电力交易着眼于发挥"粘合剂"的作用，通过明确绿证核发流转过程、分解消纳责任权重至电力用户和售电公司、建立依托CCER等机制的电–碳市场连接，实现上述多类型市场机制的衔接融合、协同发力。

🔔 小贴士 ────────────

绿色电力交易特指以绿色电力产品为标的物的电力中长期交易，用以满足电力用户购买、消费绿色电力需求，并提供相应的绿色电力消费认证。北京电力交易中心、广州电力交易中心分别组织开展国家电网有限公司、中国南方电网有限责任公司经营区域内的绿色电力交易。

（四）　碳金融及碳足迹

95　什么是碳金融？碳金融对碳减排有哪些促进作用？

　　碳金融是指为了减少温室气体排放的各类金融制度安排和金融交易活动。目前来看，全球碳金融领域主要包括碳排放权及其衍生品的交易和投资、低碳项目开发融资，以及其他相关的金融中介活动等。

　　根据交易产业链条的延伸程度，碳金融产品主要可分为三类。第一类是延伸程度较低的直接投资、资产证券以及相关投资工具等产品。第

碳金融相关产品

二类是延伸程度中等的碳资产管理、碳基金以及相关经纪服务等产品。第三类是延伸程度较高的碳资产信用融资、投资银行服务、碳保险服务等产品。

碳金融可以为碳减排项目提供多元化融资渠道

低碳技术研发、设备低碳改造、清洁能源的开发利用等碳减排项目具有资金需求量大、回收周期长等特点。借助碳金融相关融资产品，金融机构中介服务职能得以充分发挥，可以为碳减排项目提供专业化融资服务，保证相关项目顺利推进和实施。

碳金融可以为碳减排项目业主提供风险补偿

碳减排项目开发初期具有投资大、收益少等特点，将给项目业主带来一定运营风险。通过信用担保、风险基金等风险补偿方式，担保机构将对企业在使用低碳技术生产过程中的损失进行补偿，有助于保障企业正常运营、提高企业减排的积极性。

碳金融可以丰富碳减排项目的激励方式

碳金融的发展将充分激活银行绿色信贷、优惠利率、绿色融资等激励手段，使得企业碳减排行为能够获得实在的经济收益。

碳金融可以间接推动对能源价格的调控

通过信贷、优惠利率等金融政策工具,可以为高能效、低排放、清洁能源利用率高的企业提供金融优惠,并增加低能效、高排放、化石能源利用率高的企业的资金成本,间接推动能源价格的调控。

碳金融产品体系的发展和完善将为企业提供多种灵活的财务管理新方式

企业可将碳排放配额作为资产,向各类金融机构通过抵押、卖出回购、债券等多种形式申请融资。通过远期交易、掉期交易等形式,企业可以锁定企业成本,规避市场风险。通过借碳交易业务,电力企业可实现企业的保值增值。

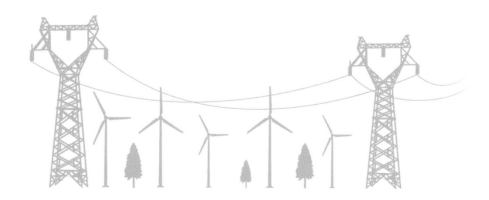

96 国外碳金融市场发展现状如何？

以《京都议定书》所制定的国际排放贸易机制（ET）、联合履行机制（JI）、清洁能源发展机制（CDM）为基础，欧盟、美国等多个国家和地区开展了碳市场的探索和实践。在碳排放权交易的基础上，欧盟、美国也同步开展了碳金融市场的建设。

国外碳金融市场发展现状

市场	欧盟	美国
总体发展现状	逐渐建成品种丰富的碳金融产品体系	逐渐进入成熟期
参与主体	各碳排放企业、投资公司、信贷机构以及私人投资者等	排放企业、项目开发商、经济公司以及个人投资者
金融产品	放开了碳期货、碳期权等金融产品的交易，随后推出了碳理财、碳保险、碳指数、碳证券等产品，逐步形成了碳金融产品体系。此外，荷兰、意大利、丹麦等部分欧盟成员国设立了国家级碳基金以吸引投资者参与碳市场交易	品种也较为丰富，涵盖了银行、证券、保险、基金、期货等多个领域
法律法规	拓宽了《金融工具市场指令》等金融市场相关法律法规，使其适用于碳金融市场	政府出台了《金融衍生品透明与问责法案》《清洁能源与安全法案》等多项涉及碳金融市场的相关法案

续表

市场	欧盟	美国
风险防控	建立了包括强制性碳信息披露、碳排放审核系统等多种方式以加强碳金融市场的风险防范	一是授权美国商品期货交易委员会对碳金融衍生品市场进行监管，二是通过区域温室气体倡议建立了成本控制储备机制以应对市场风险

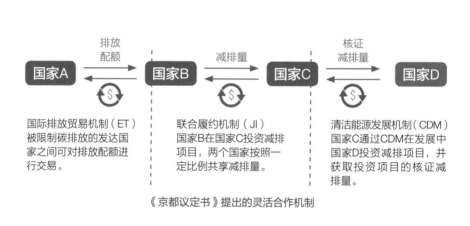

国际排放贸易机制（ET）被限制碳排放的发达国家之间可对排放配额进行交易。

联合履约机制（JI）国家B在国家C投资减排项目，两个国家按照一定比例共享减排量。

清洁能源发展机制（CDM）国家C通过CDM在发展中国家D投资减排项目，并获取投资项目的核证减排量。

《京都议定书》提出的灵活合作机制

97 能源电力企业参与碳金融市场的状况如何？

碳排放权交易市场试点以来，我国开启了碳金融市场的探索。部分碳市场试点地区开发了碳质押、碳回购等产品，为控排企业提供多种金融工具促进企业减排。

"碳达峰、碳中和"目标提出后，以碳中和债券为代表的碳金融产品快速发展。2021年上半年，我国共发行111只碳中和债券，发行规模合计达1205.93亿元，其中电力行业碳中和债券发行38只，发行规模670.67亿元，占总发行规模的55.6%。随着全国碳排放权交易市场的启动，我国碳金融市场将进一步加速发展，为能源电力行业实现减排目标提供更多金融手段。

各能源电力企业发行碳中和债券

发行机构	发行时间	产品规模（亿元）	发行期限（年）	主要用途
华能国际电力股份有限公司	2021年2月	10	3	用于华能如东八仙角海上风力发电有限责任公司和华能辽宁清洁能源有限责任公司的风电项目前期借款
中国长江三峡集团有限公司	2021年2月	20	3	用于白鹤滩水电站项目建设，通过绿色金融助力节能减排目标
南方电网有限责任公司	2021年2月	20	3	全部用于广东省阳江抽水蓄能项目、梅州抽水蓄能项目的建设
国家电力投资集团公司	2021年2月	6	2	全部用于集团所属吉电股份的光伏、风电等具有碳减排效益的绿色清洁能源项目
雅砻江流域水电开发公司	2021年2月	3	3	用于雅砻江两河口水电站项目建设
国家能源集团	2021年3月	50	3	不低于70%的募集资金用于具有碳减排效益的绿色产业项目建设、运营、收购或偿还碳中和项目的贷款
国家电网有限公司	2021年3月	50	2	保障白鹤滩—江苏±800千伏、南昌—长沙1000千伏、雅中—江西±800千伏等特高压输电工程建设
国电电力发展股份有限公司	2021年3月	8.4	3	全部用于支持8座风力发电场建设，总装机容量达446.18兆瓦，每年可减排67万吨二氧化碳当量
中国石油化工集团有限公司	2021年4月	11	3	用于公司光伏、风电、地热等绿色项目

98 能源电力企业进行碳资产管理的主要活动有哪些？

全国碳市场启动后，碳配额将成为高耗能企业的重要资产之一。能源电力企业作为重点控排单位面临强制履约的压力，须对自身的配额及相关碳排放活动进行严格管理，从而最大限度地降低履约成本。

开展企业摸底，有效管理碳资产

借助碳排查、碳足迹评估，结合能源电力生产流程和业务特点，准确掌握能源企业碳排放情况。加强自身建设管理，实行低碳管理模式，统一管理碳盘查、交易、履约、碳资产开发等事务。

掌握政策信息，制定低碳转型方案

积极开展碳市场相关政策跟踪研究，分析市场动态。结合发展规划定位，制定能源企业低碳转型方案，通过有效管理、发展或替代使用新能源、使用低碳设备、开展减排改造等手段降低碳排放，积累碳资产。

积极参与交易，合理利用碳金融工具

结合企业自身配额分配和排放情况，积极参与碳市场交易，积累交易经验。同步利用碳金融工具，如碳配额抵押、碳债券、碳资产委托等形式的碳金融产品和服务，盘活企业碳资产，解决企业资金短缺等问题。

99 什么是碳足迹？碳足迹评估的标准有哪些？

碳足迹是指企业机构、活动、产品或个人直接及间接产生的温室气体总排放量。碳足迹主要应用于描述某个特定活动或实体的温室气体排放情况，一般以二氧化碳当量为单位。碳足迹能够反映企业产品及生产活动的碳排放水平，近年来在越来越多的行业领域得到应用。

随着碳足迹评估应用范围的逐步扩大，国内外相关机构陆续制定了碳足迹评估的相关标准。

2008年，英国标准协会，PAS 2050

《PAS 2050：商品和服务生命周期温室气体排放评价规范》是全球首部碳足迹评价标准。

2009年，日本经济产业省，TSQ 2010

《TSQ 2010：产品碳足迹评估和标示通则》及其相关细则启动了产品碳足迹试点。

2009年，中国标准化研究院与英国标准协会，PAS 2050中文版

《PAS 2050》中文版是国内首部碳足迹领域标准。此外，我国部分地区、行业也制定了相关标准，例如2016年深圳市市场监督管理局发布《产品碳足迹评价通则》，提出了产品碳足迹评价的相关要求。

100 碳足迹评估对促进碳减排有什么作用?

碳足迹能够帮助组织和个人更清楚地了解自身碳排放情况，是制定减排方案时重要的量化手段。随着政府、投资方、相关利益主体等社会各界对碳排放重视程度的不断提升，碳足迹评估在全球范围得以推广应用，对推动企业碳减排将起到多方面促进作用，主要体现在以下三个方面：

引导企业制定减排路径

碳足迹评估能够明确企业碳排放重点环节领域，对企业在哪些方面采用何种方式减少排放提供指导，优化企业减排投资决策。

促进企业间的排放水平对比和技术交流，降低全行业碳排放强度

通过对同行业同类型企业碳足迹评估的横向对比，摸清企业能源利用效率和排放水平情况，进一步促进企业之间低碳技术交流和全行业节能减排。

督促企业履行社会责任

第三方碳足迹评估报告能够帮助企业清晰地了解自身碳排放情况，确保企业排放满足环保要求。定期的碳足迹评估和披露是企业社会责任的一种体现，能够促进企业与社会各界的沟通了解，加强自身和外部的监管。

参考文献

[1] 国家应对气候变化战略研究和国际合作中心. 全文I解振华详解制定1+N 政策体系作为实现双碳目标的时间表、路线图［N/OL］. 北京：全球财富管理论坛，（2021-07-27）［2021-08-04］. http://www.ncsc.org.cn/xwdt/ gnxw/202107/t20210727_851433.shtml.

[2] Intergovernmental Panel on Climate Change. Global warming of 1.5℃. An IPCC Special Report on the impacts of global warming of 1.5℃ above pre-industrial levels and related global greenhouse gas emission pathways, in the context of strengthening the global response to the threat of climate change, sustainable development, and efforts to eradicate poverty［R/OL］.［2021-04-20］. World Meteorological Organization, Geneva, Switzerland, 2018.

[3] Intergovernmental Panel on Climate Change. Climate Change 2013: The Physical Science Basis. Contribution of Working Group I to the Fifth Assessment Report of the Intergovernmental Panel on Climate Change［R/OL］. Cambridge University Press, Cambridge, United Kingdom and New York, New York, USA,2013.［2021-04-20］.

[4] United Nations. UN News: Stop Tuvalu and the world from sinking UN chief tells island nation facing existential threat from rising seas［N/OL］.（2019-05-17）［2021-08-04］. https://news.un.org/en/story/2019/05/1038661.

[5] Kench P S, Ford M R, Owen S D. Patterns of island change and persistence offer alternate adaptation pathways for atoll nations.［J］. Nature communications, 2018，9(1):605.

［6］ Intergovernmental Panel on Climate Change. Climate Change: The 1990 and 1992 IPCC Assessments［R/OL］. Canada, 1992.［2021-04-22］. https://www.ipcc.ch/report/climate-change-the-ipcc-1990-and-1992-assessments/.

［7］ Intergovernmental Panel on Climate Change. IPCC Second Assessment Climate Change 1995［R/OL］. 1995.［2021-04-22］. https://www.ipcc.ch/report/ar2/syr/.

［8］ Intergovernmental Panel on Climate Change. Climate Change 2001: Synthesis Report. A Contribution of Working Groups I, II and III to the Third Assessment Report of the Intergovernmental Panel on Climate Change［R/OL］. Cambridge University Press, Cambridge, United Kingdom and New York, USA, 2001. ［2021-04-22］. https://www.ipcc.ch/report/ar3/syr/.

［9］ Intergovernmental Panel on Climate Change. Climate Change 2007: Synthesis Report. Contribution of Working Groups I, II, and III to the Fourth Assessment Report of the Intergovernmental Panel on Climate Change［R/OL］. Geneva, Switzerland, 2007.［2021-04-22］ https://www.ipcc.ch/report/ar4/syr/.

［10］ Intergovernmental Panel on Climate Change. Climate Change 2014: Synthesis Report. Contribution of Working Groups I, II and III to the Fifth Assessment Report of the Intergovernmental Panel on Climate Change［R/OL］. Geneva, Switzerland, 2014.［2021-04-22］. https://www.ipcc.ch/report/ar5/syr/.

［11］ United Nations Environment Programme. Emissions Gap Report 2019［R/OL］. UNEP, Nairobi, 2019.［2021-04-22］. https://www.unep.org/resources/emissions-gap-report-2019.

［12］ International Energy Agent. Global CO_2 emissions in 2019［R/OL］. （2020-02-11）［2021-05-28］. https://www.iea.org/articles/global-co$_2$-emissions-in-2019.

［13］ International Energy Agent. CO_2 emissions from fuel combustion 2020［R/OL］.

（ 2021-08-03 ）[2021-05-28]. https://www.iea.org/data-and-statistics/data-product/co$_2$-emissions-from-fuel-combustion#co$_2$-emissions-from-fuel-combustion.

[14] International Energy Agent. Tracking Power 2020 [R/OL]. Paris, 2020. [2021-04-28]. https://www.iea.org/reports/tracking-power-2020.

[15] Levin K, Rich D. Turning Points: Trends in Countries' Reaching Peak Greenhouse Gas Emissions over Time [R/OL]. Working Paper. World Resources Institute, Washington D. C., 2017. [2021-04-22] https://www.wri.org/research/turning-points-trends-countries-reaching-peak-greenhouse-gas-emissions-over-time.

[16] BP. Statistical Review of World Energy 2021 [R/OL]. 2021. [2021-05-14]. https://www.bp.com/en/global/corporate/energy-economics/statistical-review-of-world-energy.html.

[17] Energy and Climate Intelligence Unit. NET ZERO BY 2050 [DB/OL]. [2021-05-28]. https://eciu.net/netzerotracker/map.

[18] Black R, Cullen K, Fay B, et al. Taking stock: A global assessment of net zero targets. Energy & Climate Intelligence Unit and Oxford Net Zero [R/OL]. [2021-05-28]. https://eciu.net/analysis/reports/2021/taking-stock-assessment-net-zero-targets.

[19] World Resources Institute. Climate Analysis Indicators Tool (CAIT) Version 6.0 [DB/OL]. Washington, D. C.[2021-05-28]. http://cait.wri.org/.

[20] National Oceanic and Atmospheric Administration. Climate at a Glance [DB/OL]. [2021-05-28] https://www.ncdc.noaa.gov/cag/global/time-series/globe/land/ann/12/1880-2021.

[21] 中华人民共和国生态环境部. 生态环境部举办积极应对气候变化政策吹风会 [N/OL]. (2020-09-27)[2021-08-04]. http://www.mee.gov.cn/ywdt/hjywnews/202009/t20200927_800752.shtml.

[22] Climate Action Tracker. China going carbon neutral before 2060 would lower warming projections by around 0.2 to 0.3 degrees C. Press Release [R/OL]. [2021-05-28]. https://climateactiontracker.org/press/china-carbon-neutral-before-2060-would-lower-warming-projections-by-around-2-to-3-tenths-of-a-degree.

[23] 江苏生态环境. 走进碳达峰碳中和丨碳达峰——世界各国在行动 [N/OL]. [2021-05-23]. https://mp.weixin.qq.com/s/KdRheaC5Vpla-tcWOr2LWA.

[24] 中华人民共和国中央人民政府. 中华人民共和国气候变化第三次国家信息通报 [R/OL]. (2018-12-12)[2021-06-05]. http://tnc.ccchina.org.cn/Detail.aspx?newsId=73250&TId=203.

[25] 中国碳核算数据库 [DB/OL]. [2021-09-15]. https://www.ceads.net.cn/.

[26] The World Bank. Population total — China [DB/OL]. [2021-05-28]. https://data.worldbank.org/indicator/SP.POP.TOTL?locations=CN.

[27] The World Bank. GDP(constant 2010 US$)- China [DB/OL]. [2021-05-28]. https://data.worldbank.org/indicator/NY.GDP.MKTP.KD?locations=CN.

[28] The White house. FACT SHEET: President Biden sets 2030 Greenhouse Gas Pollution Reduction Target Aimed at Creating Good-Paying Union Jobs and Securing U.S. Leadership on Clean Energy Technologies [N/OL]. [2021-05-14]. https://www.whitehouse.gov/briefing-room/statements-releases/2021/04/22/fact-shcet-president-biden-sets-2030-greenhouse-gas-pollution-reduction-target-aimed-at-creating-good-paying-union-jobs-and-

securing–u–s–leadership–on–clean–energy–technologies/.

［29］ European Commission, The European Climate Law［EB/OL］. 2021.［2021–05–14］. https://ec.europa.eu/clima/policies/eu–climate–action/law_en.

［30］ European Commission. Going climate–neutral by 2050［R/OL］. 2019.［2021–05–14］. https://apnews.com/article/european–commission–international–news–berlin–executive–branch–science–95d0381308164e7b867dd0e0d869bf15.

［31］ Ministry of Economy, trade and Industry. Japan's Roadmap to "Beyond–Zero" Carbon［R/OL］. 2020.［2021–05–14］. https://www.meti.go.jp/english/policy/energy_environment/global_warming/roadmap/index.html.

［32］ Ministry of Economy, trade and Industry. Japan's 2050 Carbon Neutral Goal［R/OL］. 2020.［2021–05–14］. https://www.meti.go.jp/english/policy/energy_environment/global_warming/roadmap/report/20201111.html.

［33］ Europe Beyond Coal, Overview: National coal phase–out announcements in Europe［R/OL］. 2020.［2021–07–08］. https://www.klimareporter.de/images/dokumente/2020/07/Overview–of–national–coal–phase–out–announcements–Europe–Beyond–Coal–14–July–2020.pdf.

［34］ Government of Canada. Coal phase–out: the Powering Past Coal Alliance［R/OL］. 2021.［2021–07–08］. https://www.canada.ca/en/services/environment/weather/climatechange/canada–international–action/coal–phase–out.html.

［35］ Climate analytics. For climate's sake: coal–free by 2030［R/PL］. 2019.［2021–07–08］. https://climateanalytics.org/media/australia_coal_phase_out_report_nov2019.pdf.

［36］ 国家统计局. 中华人民共和国2020年国民经济和社会发展统计公报［R/OL］. 北京：中国统计出版社有限公司,（2021–02–28）［2021–07–08］.

http://www.stats.gov.cn/tjsj/zxfb/202102/t20210227_1814154.html.

［37］国家统计局. 中华人民共和国2019年国民经济和社会发展统计公报［R/OL］. 北京：中国统计出版社有限公司，（2020-02-28）［2021-07-08］. http://www.stats.gov.cn/tjsj/zxfb/202002/t20200228_1728913.html.

［38］国家统计局. 中华人民共和国2018年国民经济和社会发展统计公报［R/OL］. 北京：中国统计出版社有限公司，（2019-02-28）［2021-07-08］. http://www.stats.gov.cn/tjsj/zxfb/201902/t20190228_1651265.html.

［39］国家统计局. 中华人民共和国2017年国民经济和社会发展统计公报［R/OL］. 北京：中国统计出版社有限公司，（2018-02-28）［2021-07-08］. http://www.stats.gov.cn/tjsj/zxfb/201802/t20180228_1585631.html.

［40］国家统计局. 中华人民共和国2016年国民经济和社会发展统计公报［R/OL］. 北京：中国统计出版社有限公司，（2017-02-28）［2021-07-08］. http://www.stats.gov.cn/tjsj/zxfb/201702/t20170228_1467424.html.

［41］国家统计局. 中华人民共和国2015年国民经济和社会发展统计公报［R/OL］. 北京：中国统计出版社有限公司，（2016-02-28）［2021-07-08］. http://www.stats.gov.cn/tjsj/zxfb/201602/t20160229_1323991.html.

［42］中华人民共和国国务院新闻办公室. 国新办举行中国应对气候变化政策与行动情况发布会文字实录［N/OL］. 2009.［2021-07-08］. http://www.scio.gov.cn/xwfbh/xwbfbh/wqfbh/2009/1126/wz/Document/477547/477547.htm.

［43］中国电力企业联合会. 2015年电力统计基本数据一览表［R/OL］.（2016-09-22）［2021-05-28］. https://cec.org.cn/detail/index.html?3-126873.

［44］国家能源局. 国家能源局综合司关于2019年上半年电力辅助服务有关情况的通报［N/OL］.［2021-05-28］. http://www.nea.gov.cn/2019-11/05/c_138530102.htm.

［45］Unruh G C. Understanding carbon lock-in［J］. Energy Policy, 2000, 28(12): 817-830.

［46］谢楠. 我国电力行业"碳锁定"分析［J］. 科学导报·科学工程与电力，24.

［47］World Business Council for Sustainable Development. Low Carbon Technology Partnership initiative（LCTPi）- Cement［R/OL］.（2015-11-29）［2021-09-28］. https://www.wbcsd.org/sve1y.

［48］王宪恩，栾天阳，陈英姿等. 基于LCA的废旧资源循环利用节能减排效果评估模式与方法研究——以吉林省某钢铁企业为例［J］. 中国人口·资源与环境，2016，26（10）：69-77.

［49］智研咨询整理. 2019年中国废钢铁回收行业发展现状、市场发展前景、发展中存在的问题及解决策略分析［R/OL］.（2020-10-13）［2021-08-04］. https://www.chyxx.com/industry/202010/900308.html.

［50］山西焦炭国际交易中心. 中国重点钢企废钢年消耗量超1.4亿吨［N/OL］.（2019-05-14）［2021-08-04］. https://www.sohu.com/a/314017011_100006095

［51］The World Bank. Carbon Pricing Dashboard［DB/OL］.［2021-05-28］. https://carbonpricingdashboard.worldbank.org/.

［52］International Carbon International Carbon Action Partnership. Emissions Trading Worldwide: Status Report 2021［R/OL］. Berlin: International Carbon Action Partnership,2021.［2021-07-16］. https://icapcarbonaction.com/zh/.

［53］中华人民共和国生态环境部. 生态环境部召开7月例行新闻发布会［N/OL］.（2021-07-26）［2021-08-04］. https://www.mee.gov.cn/ywdt/zbft/202107/t20210726_851421.shtml.

［54］中华人民共和国中央人民政府. 习近平主持召开中央财经委员会第九次会议［N/OL］.(2021-03-15)［2021-08-04］. http://www.gov.cn/xinwen/2021-

03/15/content_5593154.htm.

［55］ 杜忠明. 电力工业高质量发展呼唤构建新一代电力系统［J］. 电力决策与舆情参考，33-34.

［56］ 电力规划设计总院. 中国能源发展报告2020［M］.（2021-07-15）［2021-07-28］.

［57］ 国家能源局. 国新办举行中国可再生能源发展有关情况发布会［N/OL］.（2021-03-30）［2021-08-04］. http://www.nea.gov.cn/2021-03-30/c_139846095.htm.

［58］ 全球能源互联网发展合作组织. 中国2030年能源电力发展规划研究及2060年展望［R］.（2021-03-19）［2021-07-28］.

［59］ 中国电力企业联合会. 2020年全国电力工业数据快报数据一览表［R/OL］.［2021-05-28］. https://cec.org.cn/detail/index.html?3-292820.

［60］ 中国电力企业联合会. 2019年电力统计基本数据一览表［R/OL］.（2021-01-20）［2021-05-28］. https://cec.org.cn/detail/index.html?3-292822.

［61］ 中国电力企业联合会. 2018年电力统计基本数据一览表［R/OL］.（2019-12-13）［2021-05-28］. https://cec.org.cn/detail/index.html?3-277094.

［62］ 中国电力企业联合会. 2017年电力统计基本数据一览表［R/OL］.（2018-10-09）［2021-05-28］. https://cec.org.cn/detail/index.html?3-126875.

［63］ 中国电力企业联合会. 2016年电力统计基本数据一览表［R/OL］.（2018-03-21）［2021-05-28］. https://cec.org.cn/detail/index.html?3-126874.

［64］ 中国电力企业联合会. 2015年电力统计基本数据一览表［R/OL］.（2016-09-22）［2021-05-28］. https://cec.org.cn/detail/index.html?3-126873.

［65］ 国家原子能机构. 2020年1-12月全国核电运行情况［N/OL］.［2021-05-28］. http://www.caea.gov.cn/n6759381/n6759387/n6759389/c6811324/content.html.

［66］中华人民共和国中央人民政府. 中华人民共和国国民经济和社会发展第十四个五年规划和2035年远景目标纲要［R/OL］.（2021-03-13）［2021-05-28］.

［67］中关村储能产业技术联盟. 储能产业研究白皮书2020［R/OL］.（2020-05-21）［2021-08-04］. http://www.chinapower.org.cn/detail/180906.html.

［68］格菲研究院. 储能爆发——碳中和进程的必经之路［N/OL］.（2021-03-26）［2021-08-04］. https://www.sohu.com/a/457497680_120134300.

［69］曹仁贤. 2025年储能度电成本低于0.15元［N/OL］.（2021-01-04）［2021-08-04］. https://www.sohu.com/a/442420664_656532.

［70］水电水利规划设计总院. 中国生物质发电行业发展报告2019［R］. 2020.

［71］国家能源局. 国家能源局2021年一季度网上新闻发布会文字实录［N/OL］.（2021-01-30）［2021-08-04］.

［72］中国电动汽车百人会. 中国氢能产业发展报告2020［R/OL］.（2020-10-16）［2021-05-28］. http://pg.jrj.com.cn/acc/Res/CN_RES/INDUS/2020/10/22/73726abb-c2db-4c81-b0d7-1f6aa3c36707.pdf.

［73］2019年中国氢能源行业现状、氢能源政策及氢能产业园发展趋势分析［R/OL］.（2020-05-22）［2021-08-04］. https://www.chyxx.com/industry/202005/865786.html.

［74］智研咨询集团. 2020-2026年中国氢能源行业市场运行潜力及竞争格局预测报告［R］.

［75］中国氢能源及燃料电池产业创新战略联盟. 中国氢能源与燃料电池产业白皮书［R］.

［76］四川日报.低碳能源将成为"十四五"能源增量的主体［N/OL］.（2020-11-23）［2021-08-04］. https://epaper.scdaily.cn/shtml/scrb/20201123/245781.shtml.

［77］ 中国汽车工业协会. 2020年汽车工业经济运行情况［N/OL］.［2021-05-28］. http://www.caam.org.cn/chn/4/cate_39/con_5232916.html.

［78］ 中华人民共和国公安部. 今年上半年新注册登记机动车1871万辆［N/OL］.（2021-07-06）［2021-08-04］. https://www.mps.gov.cn/n2254098/n4904352/c7993799/content.html.

［79］ 澎湃新闻. 张永伟：预计2030年中国电动汽车保有量达8000万辆［N/OL］.（2021-03-21）［2021-08-04］. https://www.thepaper.cn/newsDetail_forward_11812127.

［80］ 贺朝晖. 光伏BIPV行业深度报告：万事俱备，一触即发［R/OL］. 申港证券行业研究报告，［2021-08-04］. https://cj.sina.com.cn/articles/view/7426890874/1baad5c7a00100y277?sudaref=www.google.com&display=0&retcode=0.

［81］ 国家电网公司. 国家电网有限公司服务新能源发展报告2021［R］.

［82］ 南方电网公司. 2020企业社会责任报告［R/OL］.［2021-05-28］. https://www.csg.cn/shzr/zrbg/202107/P020210708312666405723.pdf.

［83］ 国务院国有资产监督管理委员会. 国家电网公司发布"碳达峰、碳中和"行动方案［N/OL］.（2021-03-04）［2021-05-28］. http://www.sasac.gov.cn/n2588025/n2588124/c17342704/content.html.

［84］ 邱潇涵，程传东，刘强等. 海洋碳汇与温室效应［J］. 管理观察，2017（35）：77-81+84.

［85］ 王海洋，王威. 温室气体的"牢笼"——海洋惰性溶解有机碳库［J］. 科学中国人，2017(02):132+134.

［86］ Huppmann D, Kriegler E, Krey V, et al. IAMC 1.5℃ Scenario Explorer and Data hosted by IIASA. Integrated Assessment Modeling Consortium & International Institute for Applied Systems Analysis［R/OL］.［2021-05-28］. https://data.

ene.iiasa.ac.at/iamc-1.5c-explorer/#/login?redirect=%2Fworkspaces.

[87] 生态环境部. 中华人民共和国气候变化第二次两年更新报告［R/OL］.
（2020-03-23）［2021-06-05］. http://www.mee.gov.cn/ywgz/ydqhbh/
wsqtkz/201907/P020190701765971866571.pdf.

[88] 清华大学气候变化研究院. PPT分享——中国低碳发展与转型路径研
究成果介绍［N/OL］.（2020-10-14）［2021-08-04］. https://mp.weixin.
qq.com/s/4-EJfwl6F3a94Yu4O96_Jw.

[89] 国务院国有资产监督管理委员会. 中国石化启动我国首个百万吨级CCUS
项目［N/OL］.（2021-07-09）［2021-08-04］. http://www.sasac.gov.cn/n2588025/
n2588124/c19578584/content.html.

[90] 刘牧心，梁希，林千果. 碳中和背景下中国碳捕集、利用与封存项目经
济效益和风险评估研究［J］. 热力发电，2021，50（09）：18-26.

[91] 科学技术部社会发展科技司中国21世纪议程管理中心. 中国碳捕集利用
与封存技术发展路线图［M］. 北京：科学出版社，2018.

[92] 米剑锋，马晓芳. 中国CCUS技术发展趋势分析［J］. 中国电机工程学
报，2019，39（09）：2537-2544.

[93] 王克. 全国碳排放交易市场发展历程与展望［J］. 中华环境，2018
（09）：22-24.

[94] 邹骥，柴麒敏，陈济等. 碳市场顶层设计路线图［J］. 气候变化研究进
展，2019，15（03）：217-221.

[95] Slater H, De B D, 钱国强等. 2020年中国碳价调查［R/OL］. 北京：中国
碳论坛，2020. http://www.chinacarbon.info/wp-content/uploads/2020/12/2020-
CCPS-CN.pdf.

[96] 林清泉，夏睿瞳. 我国碳交易市场运行情况、问题及对策［J］. 现代管

理科学，2018(08):3-5.

［97］王心悦. 我国碳金融市场发展问题与对策［J］. 中国林业经济，2021
（01）：71-75.

［98］包文俊. 中国碳排放权市场发展研究［J］. 中国林业经济，2020（04）：
92-95.

［99］中华人民共和国生态环境部. 生态环境部部长黄润秋赴湖北省、上海
市调研碳市场建设工作［N/OL］.（2021-02-28）［2021-08-04］. http://
www.mee.gov.cn/xxgk2018/xxgk/xxgk15/202102/t20210228_822683.html.

［100］上海环境交易所.【启航】全国碳交易上线启动，上海市委副书记、市
长龚正为首批成交企业颁证［N/OL］.（2021-07-16）［2021-08-04］.
https://mp.weixin.qq.com/s/GpltgDBko9mVWwlgkzX3Hg.

［101］上海环境能源交易所. 首页-全国碳排放权交易-交易数据［DB/OL］.
［2021-05-28］. https://www.cneeex.com/qgtpfqjy/jysj/.

［102］生态环境部. 碳排放权交易管理办法（试行）［EB/OL］.（2020-12-
31）［2021-05-15］. https://www.mee.gov.cn/xxgk2018/xxgk/xxgk02/202101/
t20210105_816131.html.

［103］生态环境部. 关于发布《碳排放权登记管理规则（试行）》《碳排放权交
易管理规则（试行）》和《碳排放权结算管理规则（试行）》［EB/OL］.
（2021-05-17）［2021-08-18］. https://www.mee.gov.cn/xxgk2018/xxgk/
xxgk01/202105/t20210519_833574.html.

［104］Intercontinental Exchange. ICE ENDEX – EUA Futures［DB/OL］.
［2021-05-28］. https://www.theice.com/products/197/EUA-Futures/data?
marketId=5474735.

［105］The Regional Greenhouse Gas Initiative. Auction Results［DB/OL］.［2021-

05-28]. https://www.rggi.org/auctions/auction-results.

[106] California Air Resources Board. Summary of Auction Settlement Prices and
Results [R/OL]. [2021-05-28]. https://ww2.arb.ca.gov/resources/
documents/summary-auction-settlement-prices-and-results.

[107] 中国自愿减排交易信息平台 [EB/OL]. [2021-05-28]. http://cdm.ccchina.
org.cn/ccer.aspx.

[108] 中国外汇交易中心/全国银行间同业拆借中心网站 [EB/OL]. [2021-05-
28]. http://www.chinamoney.com.cn.

[109] 上海证券交易所网站 [EB/OL]. [2021-05-28]. http://www.sse.com.cn.